Inhalt

Einleitung

4 Was tut sich am Himmel?
9 Tipps für die Himmelsbeobachtung

Highlights 2021

15 Eine partielle Sonnenfinsternis für Europa
19 Die Planeten 2021

Der Himmel 2021

20 Januar
26 Februar
32 März
38 April
44 Mai
50 Juni
56 Juli
62 August
68 September
74 Oktober
80 November
86 Dezember

Anhang

92 Glossar
94 Service
Klappe Planetenpositionen 2021

Alle Uhrzeiten sind während der Gültigkeit der Sommerzeit in Mitteleuropäischer Sommerzeit (MESZ) angegeben.
Genaue Zeitangaben wie Auf- und Untergangszeiten beziehen sich auf den Standort 10° östl. Länge, 50° nördl. Breite.
Sollten in diesem Buch Begriffe auftauchen, die Sie nicht kennen, sehen Sie am besten im Glossar auf S. 92/93 nach.

HERMANN-MICHAEL HAHN

Was tut sich am Himmel 2021

KOSMOS

Was tut sich am Himmel?

Zugegeben – nach astronomischen Maßstäben sind 25 Jahre kaum der Rede wert. In dieser Zeit hat die Erde rund 23,5 Milliarden Kilometer zurückgelegt; das entspricht etwa 157-mal der Entfernung Sonne–Erde oder etwas mehr als jenem Abstand, den die amerikanische Raumsonde Voyager 1 seit ihrem Start im September 1977 von der Sonne erreicht hat. Aber die 25. Ausgabe des kleinen Jahrbuches – auch dieses Mal wieder darauf angelegt, die Leserinnen und Leser zu manchen „Sternstunden" anzuregen – mag trotzdem ein kleines, erwähnenswertes Jubiläum sein. In diesem Sinne: Clear skies forever!

MOND, PLANETEN UND SONNE

Jeder Monat des Jahres wird auf sechs Seiten vorgestellt (s. Abb. auf der Umschlaginnenklappe). So zeigt das Kalendarium „Was sich am Himmel tut" (Seiten 1 und 2) zu Beginn dieser drei Doppelseiten die Mondphase samt Auf- und Untergangszeiten für jeden Tag. Es listet zudem interessante und auffällige Konstellationen beziehungsweise Ereignisse auf und führt die Sichtbarkeitsverhältnisse der Planeten grafisch vor Augen. Zwischen dem Datum links und der Mondphase rechts befindet sich im Kalendarium ein blauer Balken: Er entspricht der Dunkelphase zwischen Abenddämmerung (links) und Morgendämmerung (rechts), und die Positionen der einzelnen Symbole lassen die Sichtbarkeiten der Planeten erkennen. Ein Planet in der Mitte dieses Balkens ist die ganze Nacht über zu sehen und steht um Mitternacht im Süden, während ein Planet nahe dem linken Rand nur nach Sonnen-

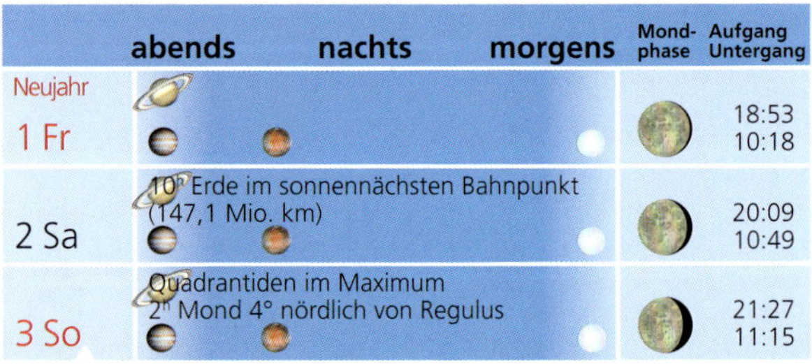

Der Kalender gibt Auskunft über den Mond, sichtbare Planeten und besondere Himmelsereignisse.

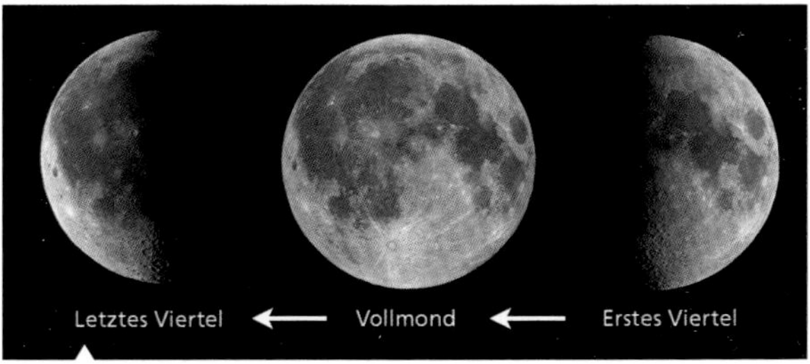

Verlauf der Mondphasen vom zunehmenden Mond (rechts) über Vollmond zum abnehmenden Mond.

untergang im Westen zu finden ist (und schon bald danach verschwindet). Ein Planet nahe dem rechten Rand taucht kurz vor Sonnenaufgang im Osten auf und ist schon wenig später in der Dämmerung verblasst. Wenn Sie die einzelnen Zeilen einfach wie Text von links nach rechts lesen, haben Sie automatisch die richtige zeitliche Abfolge: Was nur am Anfang der Dunkelheit im Westen zu finden ist, ist am Zeilenanfang dargestellt, was erst gegen Ende der Dunkelheit am Osthimmel auftaucht, steht am Ende der dunkelblauen Nachtzeile.
Die tagtägliche Veränderung im Aussehen des Mondes, seine Auf- und Untergangszeiten sowie die Mondphasen Neumond (NM), Erstes Viertel (EV), Vollmond (VM) und Letztes Viertel (LV) mit zugehöriger Zeitangabe, zu der die Phase eintritt, finden Sie im Ereigniskalender in der rechten Spalte. Der Mond taucht wenige Tage nach Neumond als schmale, zunehmende Sichel am westlichen Abendhimmel auf und steht dann jeden Abend rund anderthalb Handbreit (bei ausgestrecktem Arm gemessen) weiter links (östlich). Dabei wird er von Tag zu Tag runder und erreicht schließlich etwa zwei Wochen nach Neumond die Vollmondposition. Dann steht er der Sonne am Himmel gegenüber, steigt bei Sonnenuntergang über den Osthorizont und bleibt die ganze Nacht über zu sehen, ehe er bei Sonnenaufgang wieder untertaucht. Danach geht er immer später auf und nimmt gleichzeitig immer weiter ab, bis er schließlich ein paar Tage vor der nächsten Neumondstellung als schmale abnehmende Sichel ein letztes Mal am östlichen Morgenhimmel zu beobachten ist.
Über den Lauf der Sonne mit Auf- und Untergangszeiten sowie Angaben zum Anfang und Ende der Dämmerung,

Die Sternkarten zeigen den monatlichen Sternhimmel jeweils vom Ostpunkt (links) über den Süden (Mitte) bis hin zum Westpunkt am rechten Rand.

jeweils für den Monatsanfang und die Monatsmitte, informiert die zweite Doppelseite eines jeden Monats. Dabei vermittelt die wechselnde Höhe des Sonnen-Tagbogens zusammen mit den „wandernden" Fußpunkten dieses Bogens einen Eindruck von der Veränderung der Sonnensichtbarkeit im Rhythmus der Jahreszeiten. Auf dieser Doppelseite finden Sie auch eine kurze Beschreibung der Sonnen- und Planetenläufe sowie jeweils rechts einen Beobachtungstipp für ein besonderes Ereignis des Monats. Wenn Sie über Sonne, Mond und Planeten hinaus einmal gezielt Satelliten beobachten oder gar die Internationale Raumstation am Himmel vorbeiziehen sehen wollen, finden Sie entsprechende Angaben im Internet, da sich diese Sichtbarkeiten ständig ändern. Tippen Sie dazu *www.heavens-above.com* in die Adresszeile Ihres Internet-Browsers und geben Sie dann die geografischen Koordinaten Ihres Beobachtungsortes in die Abfragemaske ein.

DIE FIXSTERNE

Den Abschluss einer jeden Monatsdarstellung bildet eine Sternkarte samt erläuterndem Text, die den Anblick des aktuellen Abendhimmels aufzeigen und beschreiben. Die Sternkarten stellen jeweils den südlichen Teil des Himmels dar, in dem Mond, Sterne und Planeten – wie die Sonne – ihre größte Höhe erreichen und daher am besten zu beobachten sind. Sie reichen dabei vom Ostpunkt am linken Bildrand bis zum Westpunkt am rechten Rand. Nach oben hin zeigen sie ein Stück weit bis über den Zenit hinaus, der in jeder Karte durch ein weißes Kreuz markiert ist.

Der Zenit ist der Scheitelpunkt des Himmels, den man anvisiert, wenn man den Kopf ganz in den Nacken legt und auf den Punkt genau über dem eigenen Kopf blickt. Neben den eigentlichen „Fixsternen“ zeigen die Karten auch die mit bloßem Auge sichtbaren Planeten, die zur Monatsmitte um die angegebene Uhrzeit in dieser Region des Himmels stehen.
Für jeden Monat gibt es eine eigene Sternkarte. Da die Erde im Laufe eines Jahres einmal die Sonne umrundet, blickt man zur jeweils gleichen Uhrzeit in jedem Monat in eine leicht andere Richtung des Himmels, auch wenn man stets Richtung Süden schaut. Es ist ähnlich wie beim Minutenzeiger einer Uhr, der im Laufe einer Stunde einmal über alle zwölf Stundenanzeigen hinwegstreift. In diesem Vergleich braucht man nur die zwölf Stunden der Uhr durch die zwölf Sternbilder des Tierkreises zu ersetzen,

WANN KÖNNEN SIE WELCHE MONATSSTERNKARTE BENUTZEN?

Uhrzeit Datum	**18**	**19**	**20**	**21**	**22**	**23**	**24**	**01**	**02**	**03**	**04**	**05**	**06**
01.01.	Nov		Dez		Jan		Feb		Mrz		Apr		
15.01.		Dez		Jan		Feb		Mrz		Apr			Mai
01.02.	Dez		Jan		Feb		Mrz		Apr			Mai	
15.02.	–	Jan		Feb		Mrz		Apr			Mai		Jun
01.03.	–		Feb		Mrz		Apr			Mai		Jun	–
15.03.	–	–		Mrz		Apr			Mai		Jun		–
01.04.	–	–	–	Mrz		Apr			Mai		Jun		–
15.04.	–	–	–	–	Apr			Mai		Jun		Jul	–
01.05.	–	–	–	–			Mai		Jun		Jul	–	–
15.05.	–	–	–	–	–	Mai		Jun		Jul	–	–	–
01.06.	–	–	–	–	–		Jun		Jul	Aug	–	–	–
15.06.	–	–	–	–	–	Jun		Jul	Aug		–	–	–
01.07.	–	–	–	–	–		Jul	Aug		Sep	–	–	–
15.07.	–	–	–	–	–	Jul	Aug		Sep		–	–	–
01.08.	–	–	–	–	–	Aug		Sep		Okt		–	–
15.08.	–	–	–	–	Aug		Sep		Okt		Nov	–	–
01.09.	–	–	–	–		Sep		Okt		Nov		Dez	–
15.09.	–	–	–	–	Sep		Okt		Nov		Dez		–
01.10.	–	–	–	Sep		Okt		Nov		Dez		Jan	
15.10.	–	–	Sep		Okt		Nov		Dez		Jan		Feb
01.11.	–		Okt		Nov		Dez		Jan		Feb		Mrz
15.11.		Okt		Nov		Dez		Jan		Feb		Mrz	
01.12.	Okt		Nov		Dez		Jan		Feb		Mrz		Apr
15.12.		Nov		Dez		Jan		Feb		Mrz		Apr	

Die Gültigkeit der Sommerzeit ist durch die unterlegte Fläche markiert.

Auch der Anblick des Nordhimmels mit den Zirkumpolarsternen variiert über das Jahr. Der Pfeil markiert den Zenit jeweils zur Monatsmitte gegen 23 Uhr.

schon wird deutlich, was gemeint ist: Die Sonne durchwandert auf ihrer Bahn, der sogenannten Ekliptik, jedes Jahr einmal alle Tierkreissternbilder (s. Seite Sonnenlauf). Dadurch driften die Sterne und Sternbilder auf den Karten Monat für Monat immer weiter nach rechts. Im Januar blicken wir am mittleren Abend (gegen 21 Uhr zur Monatsmitte) in eine andere Richtung als drei, sechs oder gar neun Monate später. Tatsächlich tauchen die meisten Sternbilder, die im Januar um diese Zeit im Süden stehen, im Herbst zur gleichen Zeit bereits am Osthimmel auf und sind im Frühjahr noch über dem Westhorizont zu finden. Diesem „Jahreskarussell", das wir auch verfolgen könnten, wenn die Erde sich nicht um ihre eigene Achse drehen würde, ist noch das „Tageskarussell" der Erdrotation überlagert. Für Einsteiger ist dies häufig verwirrend. Wer den Anblick des Himmels aber auch mal zu anderen Beobachtungszeiten als dem mittleren Abend mit einem

Kartenbild vergleichen möchte, kann dazu gemäß der Tabelle auf Seite 9 eine passende andere Monatskarte benutzen. Die einzelnen Monatssternkarten zeigen den Anblick des Himmels nämlich auch in anderen als dem jeweils angegebenen Monat, dann aber zu einer anderen Uhrzeit. Die angezeigten Planetenpositionen gelten jedoch nur jeweils zur Mitte des angegebenen Monats! Neben den Sternbildern, die jede Nacht und im Laufe des Jahres auf- und untergehen, gibt es auch solche, die in unseren Breiten nie untergehen: Dies sind die sogenannten Zirkumpolarsternbilder (s. Abb. links), die sich in einem Kreis um den Polarstern am Nordhimmel befinden. Neben dem Großen und Kleinen Bären (oder Wagen) zählt dazu z. B. auch die Kassiopeia, deren fünf hellere Sterne sich zur Zickzacklinie des Buchstabens W verbinden lassen und die deswegen oft auch als „Himmels-W" bezeichnet wird.

Tipps für die Himmelsbeobachtung

Bevor wir uns den Höhepunkten und danach den einzelnen Monaten des Jahres zuwenden, erhalten Sie hier noch einige hilfreiche Tipps und Anregungen für eine erfolgreiche Beobachtung des himmlischen Geschehens. Sehr empfehlenswert ist grundsätzlich übrigens auch der Besuch einer Volkssternwarte. Dort kann man durch ein großes Teleskop beispielsweise die Krater auf dem Mond, die Ringe des Saturn oder einen glitzernden Sternhaufen betrachten. Die Mitglieder vieler Sternwarten bieten Führungen an, in denen sie ihr Wissen und ihre Teleskope einsetzen, um möglichst vielen Mitmenschen die Schönheiten der Natur jenseits der irdischen Atmosphäre zu zeigen und ggf. mit Tipps für die eigene Beobachtung zur Seite zu stehen.

WO IST SÜDEN?

Da die Sternkarten in diesem Buch vor allem die Sterne in Richtung Süden zeigen, sollten Sie sich vor Ihrer ersten Himmelsbeobachtung zunächst über die Lage der Himmelsrichtungen klar werden. Mit Hilfe der Sterne geht das auch ohne Kompass oder GPS. Man muss nur die bekannte Figur des Großen Wagens finden, die aus sieben etwa gleich hellen Sternen besteht. Zum Glück steht der Große Wagen bei uns immer am Himmel, in jeder Nacht und zu jeder Jahreszeit. Aber er ist nicht immer an der gleichen Stelle zu finden: So steht er am 1. Oktober gegen 22 Uhr wie ein richtiger Bollerwagen tief über dem Horizont. Am 1. Januar balanciert er dagegen zur gleichen Zeit halbhoch am Himmel, gleichsam auf der Spitze der Deichsel. Am 1. April findet man ihn gegen 23 Uhr Sommerzeit fast im Zenit, also im Scheitelpunkt des Himmels, und am 1. Juli hängt der Wagen scheinbar an der Deichselspitze halbhoch vom Himmel herab (vgl. Abbildung unten). Wenn man den Himmelswagen gefunden hat, braucht man nur noch die beiden hinteren Kastensterne zu identifizieren und diese dann in Gedanken miteinander zu verbinden. Verlängert man die so gewonnene Linie „nach oben“ (bezogen auf die Straße, auf der der gedachte Wagen rollt), so trifft man in einigem Abstand auf einen achten, ähnlich hellen Stern. Dies ist der Polarstern, der ziemlich genau am Nordpol des Himmels steht. Wenn wir in seine Richtung schauen, so blicken wir „nach Norden“.

Der Polarstern ist zwar nicht der hellste Stern am nördlichen Himmel, wohl aber der hellste Stern im Sternbild Kleiner Bär, das mitunter auch als Kleiner Wagen bezeichnet wird. Um ihn dreht sich jede Nacht das gesamte „Himmelszelt“, er ist damit der einzige Stern am Himmel, dessen Position im Laufe einer Nacht und im Laufe eines Jahres immer gleich ist. Daher lässt er sich als einziger Stern auch mit Hilfe irdischer Objekte wie zum Beispiel einem Kirchturm oder einem Haus aufsuchen. In unseren Breiten steht er etwa halbhoch am Himmel.

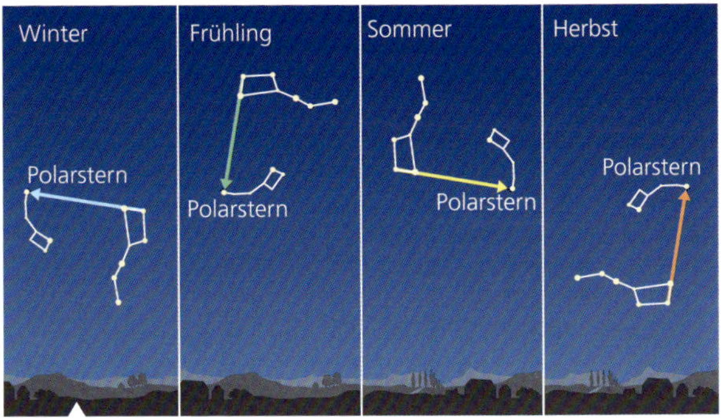

Vom Großen Wagen zum Polarstern.

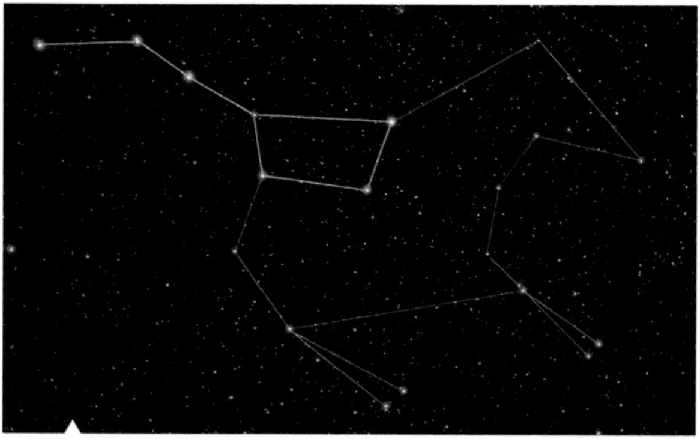

Der Große Wagen ist ein Teil des Sternbildes Großer Bär.

Der Große Wagen ist übrigens in Wahrheit kein eigenes Sternbild, er ist Teil eines viel größeren Sternbildes, des Großen Bären (s. Abb. oben). Mit der Nordrichtung sind dann auch die übrigen Himmelsrichtungen festgelegt. Wenn Sie dem Polarstern den Rücken zukehren, blicken Sie nach Süden und haben linker Hand Osten, rechter Hand dagegen Westen.

EIN GEEIGNETER BEOBACHTUNGSPLATZ

Wer den nächtlichen Himmel möglichst „ungestört" beobachten möchte, muss in der Regel relativ weite Wege zurücklegen. Zahllose Lampen zur Beleuchtung öffentlicher Straßen oder privater Gärten sind nämlich leider so gestaltet, dass sie einen Großteil des Lichtes nicht nach unten leiten, sondern seitlich oder gar himmelwärts entweichen lassen. Dieses Licht stört die Beobachtung des Sternhimmels sehr, zumal es zusätzlich an Staub- und Dunstpartikeln gestreut wird. In Städten und Orten sind deswegen nur noch die hellsten Sterne erkennbar. Daher sollte der Himmel an Ihrem Beobachtungsort nicht zu sehr von irdischen Störlichtern aufgehellt werden. Wo der Himmel in unserem Land wirklich noch dunkel ist, kann man zum Beispiel im Internet unter folgender Adresse erfahren: *www.lichtverschmutzung.de*. Der Standort sollte außerdem eine möglichst freie Rundumsicht gewähren, vor allem nach Süden. Ein freier Blick bis herunter zum Horizont ist schön, aber nur bei der Suche nach dem sonnennächsten Planeten Merkur wirklich erforderlich – alle

Der Schwan ist ein großes und recht einfach zu erkennendes Sternbild. Die Sterne zeichnen den Rumpf samt Flügel und den langen Hals des Tieres nach.

übrigen Beobachtungsobjekte schaut man sich besser an, wenn sie höher am Himmel stehen. Je höher sie über dem Horizont stehen, desto weniger wird ihr Licht durch die irdische Atmosphäre geschwächt oder beeinflusst.

AUSRÜSTUNG FÜR DIE BEOBACHTUNG

Wer es bequem haben möchte, nimmt sich einen Stuhl mit, etwa einen Campingstuhl mit Armlehnen. Auf diese Weise kann man sich einfacher Notizen machen oder die Arme aufstützen, wenn man den Himmel mit einem Fernglas beobachtet. Ein Beobachtungsbuch, in das eingetragen wird, was wann, wo und wie beobachtet wurde, ist auf jeden Fall nützlich. Mit seiner Hilfe kann man später eigene Beobachtungen rekonstruieren und vergleichen. Dazu braucht man natürlich auch eine geeignete Beleuchtung, die die Augen nicht blendet und ihre Anpassung an die dunkle Umgebung schont.
Hilfreich ist hierfür eine Lampe (Taschenlampe, Stirnlampe), deren Frontlinse mit roter Folie überklebt oder mit

einem Rotfilter versehen wird, da unsere Augen für rotes Licht nicht so sehr empfindlich sind. Lassen Sie Ihren Augen hinreichend Zeit, sich an die Dunkelheit zu gewöhnen, um auch weniger helle Sterne zu erfassen. Das kann bis zu einer halben Stunde dauern.

Wer sich auf eine längere Beobachtungszeit einstellt, sollte sich hinreichend warm anziehen – in klaren Nächten kühlt die Luft deutlich stärker ab als unter einer Wolkendecke! Darüber hinaus kann ein (warmes) Getränk sowie eine Kleinigkeit zu essen nicht schaden, um sich auch von innen her aufzuwärmen beziehungsweise wach zu halten.

Wer regelmäßig den Himmel beobachtet, wird bald auch die einzelnen Sternbilder identifizieren wollen. Großer Wagen, Orion, Löwe, Schwan und Kassiopeia sind recht einprägsam, aber viele andere Figuren sind vielleicht doch nicht so leicht zu finden. Auch hierfür gibt es natürlich über dieses Buch hinaus weitere Hilfsmittel wie zum Beispiel das Büchlein *Welches Sternbild ist das?* (s. Literaturverzeichnis S. 94), das die einzelnen Figuren im Detail vorstellt und beschreibt. Abgesehen davon gilt auch hier die alte Weisheit, dass vor allem Übung den Meister macht …

MIT EINEM FERNGLAS BEOBACHTEN

Als erstes Beobachtungsinstrument empfiehlt sich der Einsatz eines in vielen Haushalten ohnehin vorhandenen Fernglases. Heutige Ferngläser haben sogar häufig eine bessere Qualität als die ersten Teleskope, mit denen die

Himmelsbeobachterin mit Fernglas.

Beobachter vor rund 400 Jahren ihre revolutionären Entdeckungen gemacht haben. Der Objektivdurchmesser sollte allerdings möglichst 40 Millimeter oder größer sein, wenn man wirklich mehr als mit bloßem Auge sehen möchte. Man findet diesen Wert als zweite Zahl bei der typischen Charakterisierung eines Fernglases: Ein 6 × 42-Fernglas beispielsweise hat bei einer sechsfachen Vergrößerung einen Objektivdurchmesser von 42 Millimetern, und ein 10 × 50-Glas vergrößert zehnfach bei einem Objektivdurchmesser von 50 Millimetern. Teilt man die zweite Zahl durch die erste, so sagt das Ergebnis etwas über die Lichtstärke des Instruments aus. Dieser Wert liegt meist zwischen drei und sieben und ist umso besser, je näher er bei sechs liegt (für jüngere Sternfreunde darf er auch bei sieben liegen).
Auf jeden Fall sollte man ein Fernglas abstützen, denn schon das leiseste Zittern der Hände wird gnadenlos mitvergrößert, und bei einem Blick weit nach oben lässt sich ein Zittern kaum vermeiden – vor allem dann, wenn man den Körper zurücklehnen muss. Dazu gibt es Adapter, mit denen man ein Fernglas auf ein (stabiles) Stativ schrauben und auf ein Himmelsobjekt ausrichten kann. So kann man nicht nur selbst in Ruhe ein Objekt anschauen, sondern auch anderen das gewünschte Objekt zeigen.

ERSTE ASTROFOTOS

Mitunter möchte man eine bestimmte Konstellation auch fotografisch dokumentieren. Mit einer Digitalkamera geht das ziemlich problemlos, wenn man entweder die Empfindlichkeit des Apparates oder die Belichtungszeit ändern und von Hand einstellen kann. Bei Belichtungszeiten unterhalb von fünf bis zehn Sekunden bleiben die Sterne trotz der Drehung der Erde noch weitgehend punktförmig – zumindest dann, wenn man mit einer Normaloptik oder einem leichten Teleobjektiv fotografiert. Mit Empfindlichkeitswerten um 400 ISO kann man bei den genannten Belichtungszeiten alle Sterne festhalten, die mit dem bloßem Auge zu erkennen sind, und so etwa die Begegnung des Mondes mit einem Planeten oder einem helleren Fixstern für die Nachwelt aufzeichnen. Was es sonst noch am Nachthimmel und auch am Taghimmel Spannendes zu sehen und zu fotografieren gibt, dazu bietet z. B. das Buch *Himmelsfotografie* zahlreiche Anregungen und Tipps (siehe Seite 94).

Bei der totalen Sonnenfinsternis im August 1999 zeigte sich zum Zeitpunkt der Totalität die silbrig-grünliche Korona der Sonne.

Faszinierende Finsternisse

Man wird ja bescheiden! Nach einer totalen Mondfinsternis samt sehr günstiger Marsopposition 2018, zwei Mondfinsternissen 2019 und einer großen Konjunktion von Jupiter und Saturn sowie der letztmals günstigsten Marsopposition bis 2035 im vergangenen Jahr bringt der astronomische Kalender 2021 nur noch ein – noch dazu kleines – Highlight: eine bei uns eher unscheinbare partielle Sonnenfinsternis.

Eigentlich ziehen Sonnen- und Mondfinsternisse immer die Aufmerksamkeit der Menschen auf sich, zumindest dann, wenn es sich um totale Verfinsterungen handelt: Wenn plötzlich eine tiefschwarze Sonne mit silbrig-grünlichem Strahlenkranz am Himmel steht oder ein kupferrot verfärbter Vollmond die Nacht kaum erhellt, spürt selbst ein unbedarfter Zeitgenosse die Abweichung von der Norm, die Angst und Erschrecken auslösen kann.

Partielle Finsternisse sind hingegen weit weniger auffällig. Nur wenige Mitmenschen können einen teilweise vom Erdschatten verfinsterten Mond von einer gewöhnlichen Mondsichel unterscheiden, selbst dann, wenn etwa gegen Ende einer abendlichen Mondfinsternis der helle Teil des

Mondes auf der „falschen", weil sonnenabgewandten Ostseite erscheint – schließlich werden solche „Fake-Moons" oft genug in Karikaturen oder in bar jedweder Sachkenntnis erstellten Werbeanzeigen benutzt. Ähnlich ist die Situation bei partiellen Sonnenfinsternissen, sofern der Verfinsterungsgrad nicht deutlich über 50 Prozent liegt: Da die Sonne so blendend hell ist, überstrahlt sie die dunkle Fläche des Mondes lange Zeit und an die mit fortschreitender Finsternis einsetzende langsame Abschwächung des Sonnenlichtes reagiert unsere „automatisch" gesteuerte Pupillen-Öffnung mit einer langsamen Erweiterung. Und wer schaut die Sonne schon regelmäßig mit einer ausreichend starken Sonnensichtfolie an, um eine kleine Verdunklung der Sonnenscheibe erkennen zu können?

Eine partielle Sonnenfinsternis für Mitteleuropa

Am Donnerstag, den 10. Juni 2021, lohnt es sich allerdings, die Sonne bei klarem Himmel um die Mittagszeit MIT HILFE GEEIGNETER SCHUTZVORKEHRUNGEN zu betrachten, denn dann wandert der Mondschatten wie-

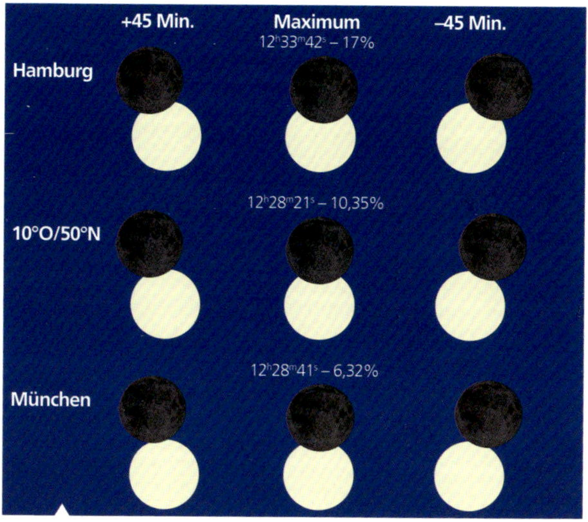

Die Sonnenfinsternis am 10. Juni ist in Mitteleuropa als partielle Finsternis zu sehen. Nördlich des 80. Breitengrads ist sie ringförmig.

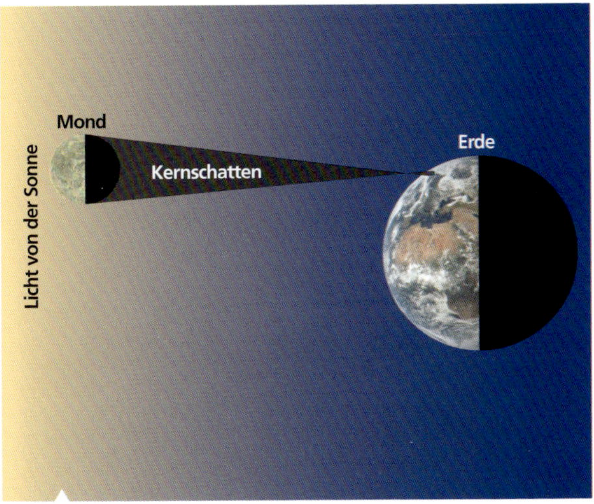

Bei einer ringförmigen Sonnenfinsternis ist die Sonnenscheibe größer als die des Mondes – ein gleißender Sonnen-Ring bleibt sichtbar.

der einmal über die Erde hinweg. Wir liegen zwar nur am Rande der Finsterniszone, doch reicht es je nach geografischer Lage für eine Bedeckung der Sonne von rund zwei Prozent im Südosten Österreichs bis etwa 21 Prozent im Norden Sylts. An unserem üblichen „mittleren Bezugsort" bei zehn Grad östlicher Länge und 50 Grad nördlicher Breite werden etwa zehn Prozent der Sonne vom im Vordergrund vorbeiziehenden Mond verdeckt. Das Maximum wird überall in unserem Lande etwa gegen 12:30 Uhr MESZ (plus/minus einige Minuten) erreicht. Wer es genauer wissen möchte, kann sich die Landkarte unter dem Link *https://eclipse.gsfc.nasa.gov/SEgoogle/SEgoogle2001/SE2021Jun10Agoogle.html* vergrößern und dort seinen Beobachtungsort anklicken.

Wie entsteht eine ringförmige Sonnenfinsternis?

Die Finsternis vom 10. Juni ist nirgendwo auf der Erde total, obwohl die direkte Verbindungslinie zwischen Sonnen- und Mondmittelpunkt durchaus auf die Erdoberfläche trifft. Aber der Mond ist zu weit von der Erde entfernt und erscheint deshalb etwas zu klein, um die Sonne voll-

ständig abdecken zu können. Eine solche Finsternis wird ringförmig genannt.
Ringförmige Sonnenfinsternisse sind gar nicht so selten. Im Schnitt jede dritte Sonnenfinsternis nimmt einen ringförmigen Verlauf, aber nur gut jede vierte ist total. Mit etwa 35 Prozent am häufigsten sind partielle Finsternisse, bei denen die Erde nur vom Halbschatten des Mondes getroffen wird.

Die Finsternis im Saros-Zyklus

Sonnen- und Mondfinsternisse treten bekanntlich in langen Serien auf, den sogenannten Saros-Zyklen. Zwischen den einzelnen Finsternissen eines Saros-Zyklus liegen jeweils 18 Jahre und zehn bzw. elf Tage (je nach Anzahl der in diesen Zeitraum fallenden Schaltjahre). Die Periode ergibt sich daraus, dass 223 synodische Monate (die Zeit zwischen zwei aufeinanderfolgenden Neumond-Stellungen) fast genauso lange dauern wie 242 drakonitische Monate (die Zeit zwischen zwei Durchgängen des Mondes durch den gleichen Kreuzungspunkt von Mondbahn und Ekliptik). Da außerdem 239 anomalistische Monate nur unwesentlich länger dauern, befindet sich der Mond bei jeder der aufeinanderfolgenden Saros-Finsternisse auch noch in vergleichbarem Abstand zur Erde, sodass sich die einzelnen Saros-Finsternisse unter ähnlichen Bedingungen wiederholen.
Die Finsternis vom 10. Juni gehört zu Saros-Zyklus Nr. 147, der am 12. Oktober 1624 mit einer kleinen partiellen Sonnenfinsternis über Nordsibirien begann. Seither hat der Schatten des Mondes die Erde jedes Mal ein wenig mehr erfasst, sodass der maximale Bedeckungsgrad langsam zunahm, bis bei der letzten Finsternis am 31. Mai 2003 erstmals auch eine ringförmige Sonnenfinsternis von gut 3,5 Minuten Dauer beobachtet werden konnte. Dieses Mal sind es schon 3,9 Minuten und am 21. November 2291 wird das Maximum von 9,68 Minuten erreicht. Diese Finsternis wird dann quer über den südamerikanischen Kontinent verlaufen und dabei auch die beiden ESO-Sternwarten Cerro Armazones (mit dem 39-Meter-Extreme-Large-Telescope, ELT) und Cerro Paranal (mit dem Very Large Telescope, VLT) erfassen, die dann allerdings bestenfalls noch Museumswert haben dürften. Am 24. November 3049 endet Saros-Zyklus Nr. 147 mit einer ganz kleinen partiellen Finsternis über der Antarktis.

Die Planeten 2021

MERKUR
Am Morgenhimmel: Oktober (Seite 77)
Am Abendhimmel: Januar (Seite 23), Mai (Seite 47)

VENUS
Am Morgenhimmel: Januar (Seiten 20/21)
Am Abendhimmel: Mai–Dezember

MARS
Am Morgenhimmel: Dezember (Seite 87)
Am Abendhimmel: Januar–Juli

JUPITER
Am Morgenhimmel: Februar–Juni
Ganze Nacht: Juni–Oktober, 20.8. in Opposition (Seite 64)
Am Abendhimmel: November–Dezember

SATURN
Am Morgenhimmel: März–Mai
Ganze Nacht: Mai–Oktober, 2.8. in Opposition (Seite 64)
Am Abendhimmel: November–Dezember

WEITERE HIGHLIGHTS:

03.01.	Quadrantiden im Maximum	Seite 20
24.01.	Abendsichtbarkeit Merkur	Seite 21
20.03.	11^h37^m Sonne im Frühlingspunkt	Seite 33
28.03.	Beginn der Sommerzeit (2^h MEZ = 3^h MESZ)	Seite 33
05.05.	Eta Aquariden im Maximum	Seite 44
17.05.	Abendsichtbarkeit Merkur	Seite 45
26.05.	größter Vollmond des Jahres	Seite 45
10.06.	12^h43^m partielle Sonnenfinsternis in Mitteleuropa	Seite 16/50
21.06.	5^h32^m Sommersonnenwende	Seite 51
02.08.	Saturn in Opposition	Seite 64
12.08.	Perseiden im Maximum	Seite 62
20.08.	Jupiter in Opposition	Seite 64
22.09.	21^h21^m Sonne im Herbstpunkt	Seite 69
25.10.	Morgensichtbarkeit Merkur	Seite 77
31.10.	Ende der Sommerzeit (3^h MESZ = 2^h MEZ)	Seite 75
17.11.	Leoniden im Maximum	Seite 81
14.12.	Geminiden im Maximum	Seite 86
18.12.	kleinster Vollmond des Jahres	Seite 89
21.12.	16^h59^m Wintersonnenwende	Seite 87

Was sich am Himmel tut

	abends / nachts / morgens	Mondphase	Aufgang / Untergang
Neujahr 1 Fr			18:53 10:18
2 Sa	10^{h} Erde im sonnennächsten Bahnpunkt (147,1 Mio. km)		20:09 10:49
3 So	Quadrantiden im Maximum 2^{h} Mond 4° nördlich von Regulus		21:27 11:15
4 Mo			22:44 11:37
5 Di			-- 11:57
Dreikönige 6 Mi			LV 10:37 00:03 12:16
7 Do	2^{h} Mond 6° nordöstlich von Spica		01:23 12:35
8 Fr			02:44 12:58
9 Sa	17^{h} Mond in Erdnähe (367.400 km)		04:07 13:26
10 So	7^{h} Mond 5° nördlich von Antares 21^{h} Mond im absteigenden Knoten		05:30 14:01
11 Mo			06:47 14:46
12 Di			07:56 15:45
13 Mi			NM 06:00 08:50 16:53
14 Do			09:32 18:08
15 Fr			10:03 19:24

Merkur Venus Mars Jupiter Saturn Mond

	abends nachts morgens	Mond-phase	Aufgang Untergang
16 Sa			10:27 20:37
17 So			10:47 21:48
18 Mo			11:04 22:56
19 Di			11:20 --
20 Mi	24h Mond 8° südlich von Mars		EV 22:02 11:36 00:03
21 Do	14h Mond in Erdferne (404.400 km) 18h Mond 6° südöstlich von Mars		11:53 01:09
22 Fr			12:12 02:16
23 Sa			12:35 03:23
24 So	Saturn in Konj., Merkur in gr. östl. Elong. (19°), **Abendsichtbarkeit**, 3h Mond 4° nw. von Aldebaran, 23h Mond im aufst. Knoten		13:04 04:30
25 Mo			13:41 05:36
26 Di			14:28 06:37
27 Mi	18h Mond 5° südlich von Pollux		15:28 07:31
28 Do			VM 20:16 16:37 08:15
29 Fr	Jupiter in Konjunktion		17:53 08:50
30 Sa	7h Mond 4° nördlich von Regulus		19:12 09:18
31 So			20:32 09:42

Sonne und Planeten

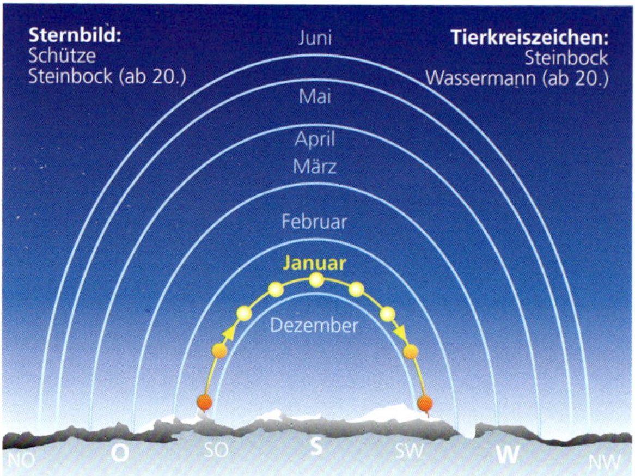

Dämmerung Anfang	Sonne Aufgang		Sonne Untergang	Dämmerung Ende
6:59	8:18	1.1.	16:29	17:49
6:55	8:12	16.1.	16:48	18:05

Die **SONNE** wandert durch den Schützen und erreicht am 20.1. den Steinbock; am gleichen Tag wechselt sie in das Tierkreiszeichen Wassermann. Die Mittagshöhe nimmt von 17° auf 23° zu, die Länge des lichten Tages von 8:11 Stunden auf 9:18 Stunden.

MERKUR erreicht am 24.1. eine größte östliche Elongation und zeigt sich ab dem 14.1. am Abendhimmel.

VENUS verabschiedet sich vom Morgenhimmel, wo sie zuletzt nur noch rund 30 Minuten vor der Sonne aufgeht.

MARS wechselt am 5.1. in das Sternbild Widder, wo er bis nach Mitternacht zu beobachten ist.

JUPITER steht zwei Tage vor Monatsende in Konjunktion mit der Sonne und bleibt daher in diesem Monat für das bloße Auge unsichtbar.

SATURN steht am 24.1., nur wenige Tage vor Jupiter, ebenfalls in Konjunktion mit der Sonne und bleibt deshalb in diesem Monat auch unsichtbar.

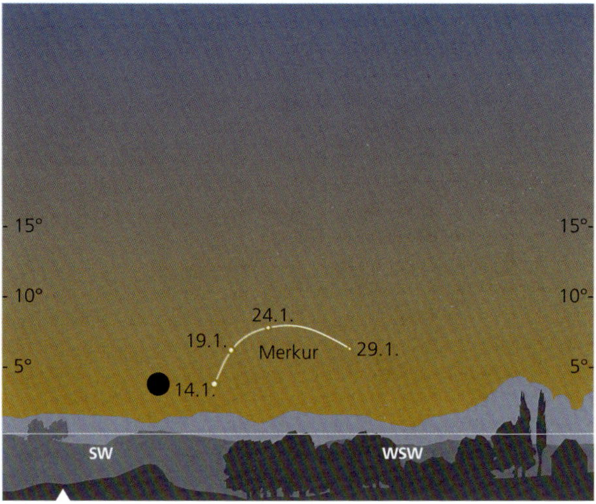

Merkur ist im Januar Gast am Abendhimmel. Am 14.1. hilft die schmale Mondsichel, das kleine Licht am Südwesthorizont zu finden.

MERKUR AM ABENDHIMMEL

Der sonnnächste Planet Merkur ist ein vergleichsweise seltener Gast am Himmel: Wegen seiner Sonnennähe taucht er bestenfalls dann auf, wenn er von der Erde aus betrachtet besonders weit rechts oder links neben der Sonne steht, also zu Zeiten seiner größten Elongationen. Dabei sind die Bedingungen für größte östliche Elongationen, d. h. für Abendsichtbarkeiten, in der ersten Jahreshälfte am besten, in der zweiten Jahreshälfte für größte westliche Elongationen, d. h. wenn Merkur am Morgenhimmel zu sehen ist.

ANFANGS HILFT DER MOND

Seine erste größte östliche Elongation in diesem Jahr erreicht Merkur am 24.1., aber schon zehn Tage vorher kann man versuchen, ihn mit Hilfe der sehr schmalen Mondsichel ganz tief über dem Südwesthorizont aufzufinden: Am 14.1. steht sie auf gleicher Höhe rund vier Grad links von Merkur, notfalls braucht man ein Fernglas. In den Folgetagen erscheint Merkur immer etwas höher am Himmel und am 24.1. geht er schließlich 103 Minuten nach der Sonne unter. Zum Monatsende reichen Winkelabstand und Helligkeit dann nicht mehr für eine weitere Beobachtung, denn Merkur wendet uns zunehmend seine Nachtseite zu.

JAN

Sterne und Sternbilder

DER STERNHIMMEL IM JANUAR
Im Januar steigt die Zahl der Himmelsbeobachter meist kräftig an, denn manch einer hat zu Weihnachten ein Fernglas oder Fernrohr für den Blick in die Sterne bekommen. Astronomisch betrachtet ist Weihnachten günstig gelegen, bietet der Winterhimmel für kleine Instrumente doch eine ganze Reihe interessanter Beobachtungsobjekte.

DER „GÖTTLICHE" HIMMELSSTIER
Zur angegebenen Beobachtungszeit (am Monatsanfang gegen 22 Uhr, zur Monatsmitte etwa eine Stunde früher) nähert sich die Gruppe der Wintersternbilder ihrer Höchststellung im Süden. Allen voran zieht der Stier, von dem allerdings nur der V-förmige Kopf (der Sternhaufen der Hyaden) und die beiden Stierhörner wirklich zu sehen sind. Der Rest ist gleichsam von Meerwasser bedeckt, denn das Sternbild erinnert daran, dass der griechische Götterfürst Zeus die schöne Königstochter Europa von Kleinasien durchs Meer nach Kreta entführte. Der himmlische Stier trägt gleich sieben Jungfrauen auf seinem Rücken: das Siebengestirn, auch der Haufen der Plejaden genannt. Beide Sternhaufen präsentieren sich im Gesichtsfeld eines Fernglases noch eindrucksvoller, weil auch lichtschwächere Haufenmitglieder sichtbar werden, die dem bloßen Auge verborgen bleiben.

STERNENFABRIK IM ORION
Links unterhalb vom Stier folgt der Himmelsjäger Orion. Sein besonderes Kennzeichen sind drei annähernd gleich helle Sterne, die vergleichsweise eng benachbart auf einer nahezu geraden Linie stehen und so den Gürtel des mächtigen Riesen andeuten. Etwas unterhalb dieser drei Gürtelsterne zeigt jedes Fernglas einen leuchtenden Nebelfleck, den großen Orion-Nebel. Dort – in einer Entfernung von rund 1350 Lichtjahren – wachsen aus einer großen Gas- und Staubwolke mehrere hundert neue Sterne heran, die spätestens in einer Million Jahren als Sternhaufen am Himmel erstrahlen werden.

SCHWÄCHELNDE BETEIGEUZE
Im vergangenen Jahr bot der Orion den Himmelsbeobachtern einen ungewohnten Anblick: Beteigeuze, der rötliche linke Schulterstern und eigentlich der hellste Stern der Figur, verlor allmählich an Glanz und erschien zuletzt kaum mehr heller als Bellatrix, der rechte Schulterstern. Eine Veränderlichkeit dieses Sterns ist zwar seit langem bekannt, aber so leuchtschwach war Beteigeuze noch nie.

Was sich am Himmel tut

	abends	nachts	morgens	Mondphase	Aufgang / Untergang
1 Mo					21:52 10:02
2 Di					23:12 01:11
3 Mi	6^h Mond 5° nördlich von Spica 20^h Mond in Erdnähe (370.100 km)				-- 10:41
4 Do					LV 18:37 00:32 11:03
5 Fr					01:54 11:28
6 Sa	6^h30^m Mond 5° nördlich von Antares				03:16 11:59
7 So	1^h Mond im absteigenden Knoten				04:33 12:39
8 Mo	Merkur in unterer Konjunktion				05:44 13:32
9 Di					06:42 14:35
10 Mi					07:28 15:47
11 Do	Späteste Mittagsstellung der Sonne (12^h34^m)				NM 20:06 08:02 17:02
12 Fr					08:28 18:16
13 Sa					08:50 19:29
14 So					09:08 20:39
Rosenmontag 15 Mo					09:24 10:43

Merkur Venus Mars Jupiter Saturn Mond

	abends nachts morgens	Mond-phase	Aufgang Untergang
Fastnacht 16 Di			09:40 22:54
Aschermittwoch 17 Mi			09:56 --
18 Do	11h Mond in Erdferne (404.500 km) 24h Mond 4° südlich von Mars		10:14 00:01
19 Fr			EV 19:47 10:35 01:08
20 Sa	19h Mond 5° nördlich von Aldebran		11:01 02:15
21 So	3h Mond im aufsteigenden Knoten		11:34 03:21
22 Mo			12:16 04:24
23 Di			13:10 05:21
24 Mi	2h Mond 4° südlich von Pollux		14:14 06:08
25 Do	19h Mond 4° nördlich von Regulus		15:29 06:47
26 Fr			16:48 07:18
27 Sa			VM 09:17 18:10 07:44
28 So			19:33 08:05

Sonne und Planeten

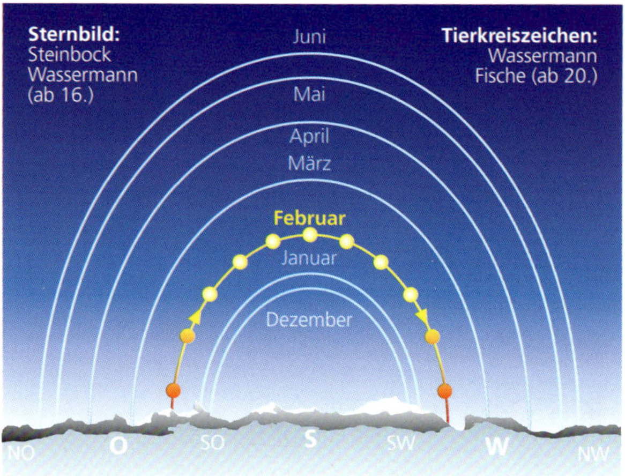

Dämmerung Anfang	Sonne Aufgang		Sonne Untergang	Dämmerung Ende
6:40	7:53	1.2.	17:15	18:28
6:17	7:29	16.2.	17:41	18:51

Die **SONNE** erreicht am 16.2. den Wassermann; am 20.2. wechselt sie in das Tierkreiszeichen Fische. Die Mittagshöhe nimmt von 23° auf 32° zu, die Länge des lichten Tages entsprechend von 9:21 Stunden auf 10:55 Stunden.

MERKUR, am 8.2. in unterer Konjunktion, bleibt unbeobachtbar am Taghimmel.

VENUS läuft der Sonne am Himmel hinterher und bleibt daher den ganzen Monat hindurch unsichtbar.

MARS verliert zunehmend an Helligkeit; er wechselt in den Stier und nähert sich zuletzt den Plejaden.

JUPITER zeigt sich in der zweiten Monatshälfte zaghaft am morgendlichen Südosthimmel.

SATURN stand wenige Tage vor Jupiter in Konjunktion mit der Sonne, bleibt aber wegen seiner geringeren Helligkeit etwas länger im Glanz der Sonne verborgen und damit unsichtbar.

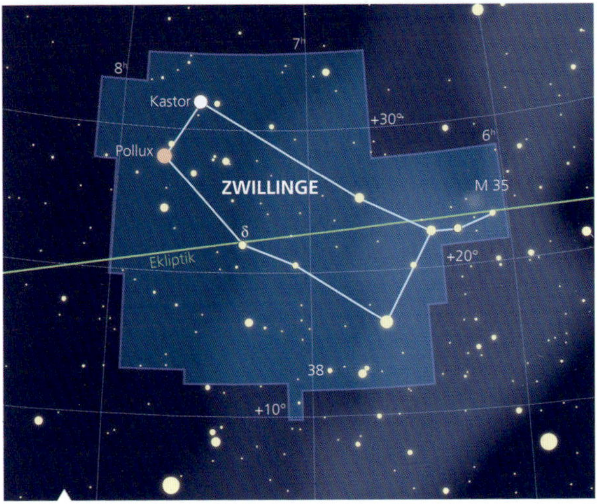

Derzeit ist das Sternbild Zwillinge (lat.: Gemini) hoch am Südhimmel zu finden. Pollux ist außerdem Bestandteil des Wintersechsecks.

DAS STERNBILD ZWILLINGE

Die Zwillinge gehören zu den Ekliptiksternbildern. Weil die Sonne dieses Sternbild zum Sommeranfang erreicht, steht es im Winterhalbjahr am Nachthimmel und ist Mitte Februar gegen 22 Uhr hoch am Südhimmel zu finden. Seine Namensgeber sind die beiden hellsten Sterne Kastor und Pollux. Während Kastor, der obere Stern, weißlich leuchtet, erscheint Pollux, der untere, etwas heller und leicht orange-gelb. Von diesen Kopfsternen aus lassen sich die beiden Zwillingsfiguren wie kleine Strichmännchen nach rechts verfolgen.

STERNHAUFEN, STERNPAARE UND „GROSSFAMILIE"

Mit einem Fernglas trifft man unweit der Kastor-„Füße" auf eine dicht gedrängte Gruppe von bis zu 20 Sternen, die hellsten Mitglieder des offenen Sternhaufens Messier 35 in rund 2800 Lichtjahren Entfernung. Ein kleines Fernrohr zeigt darüber hinaus einige Doppelsterne wie zum Beispiel 38 Gem und δ Gem, während Kastor sich sogar als Dreifachstern präsentiert. Inzwischen weiß man, dass jeder dieser drei Lichtpunkte selbst aus jeweils zwei sehr eng benachbarten Sternen besteht, die sich sowohl paarweise, als auch alle zusammen den gemeinsamen Schwerpunkt, umrunden.

West
Süd
Ost
ZENIT
Fische
Walfisch
Dreieck
Widder
Mars
Plejaden
Perseus
Hyaden
Eridanus
Giraffe
Kapella
Fuhrmann
Stier
Aldebaran
Bellatrix
Rigel
Alnath
Hase
Orion
Menkalinan
Zwillinge
Beteigeuze
Einhorn
Sirius
Gr. Hund
Luchs
Kastor
Pollux
Kl. Hund
Prokyon
Krebs
Wasserschlange
Gr. Bär
Regulus
Löwe

DER STERNHIMMEL IM FEBRUAR

Zur gewohnten Beobachtungszeit erreicht die Schau der Wintersternbilder jetzt ihren Höhepunkt, denn zur Monatsmitte gegen 21 Uhr (am Monatsanfang noch eine Stunde später) steht das Wintersechseck hoch am Südhimmel. Ausgehend von Kapella, dem Hauptstern im Fuhrmann nahe dem Zenit, markieren (im Uhrzeigersinn) Aldebaran im Stier, Rigel im Orion, Sirius im Großen Hund, Prokyon im Kleinen Hund und Pollux in den Zwillingen die weiteren Eckpunkte dieser großflächigen Struktur.

HIMMLISCHE GLANZLICHTER

Neben diesen Sternen, die allesamt der nullten und ersten Größenklasse angehören, zieren noch weitere Glanzlichter diesen Himmelsausschnitt: die rötliche Beteigeuze als linker Schulterstern des Himmelsjägers Orion und Bellatrix an der rechten Schulter sowie zwei seiner Gürtelsterne gehören dazu, ferner drei Sterne im Großen Hund, der obere Zwillingsstern Kastor, Menkalinan als linker Nachbar von Kapella und Alnath an der Spitze des oberen Stierhorns. Diese 16 Sterne sind allesamt heller als zweite Größenklasse und konzentrieren sich auf ein Himmelsareal von knapp 80 Grad Durchmesser; am Frühsommerhimmel lässt sich ein gleichgroßes Feld finden, das nur einen Stern dieser Helligkeit enthält, am Herbsthimmel sogar ein noch größeres, das gar keinen Stern heller als zweite Größe einschließt.

DIE WINTERMILCHSTRASSE

Grund für diese Häufung ist die Nähe zur Wintermilchstraße, die sich durch diese Himmelsregion erstreckt. Sie erscheint zwar längst nicht so hell wie die Sommermilchstraße und ist nur von wirklich dunklen Orten aus zu erkennen, weil wir hier in Richtung Außenrand der Milchstraße blicken. Aber auch in diesem Bereich entstehen immer wieder neue, massereiche und damit leuchtkräftige Sterne.

NUR FÜR LUCHSAUGEN

Dunkle Flecken gibt es aber auch am Winterhimmel: So „versteckt" sich zwischen Großem und Kleinem Hund das sagenumwobene Einhorn, dessen Hornspitze auf Beteigeuze im benachbarten Orion zeigt, und zwischen Fuhrmann und dem Polarstern spaziert die Giraffe über den Himmel. Ihr auf dem Fuße folgt der Luchs, der die Lücke zwischen Fuhrmann und den Zwillingen einerseits und dem Großen Bären andererseits schließt. Selbst der Krebs als Ekliptiksternbild weist nur zwei Sterne der dritten Größe auf.

Was sich am Himmel tut

	abends / nachts / morgens	Mondphase	Aufgang / Untergang
1 Mo			20:55 08:25
2 Di	6h Mond 6° nördlich von Spica 6h Mond in Erdnähe (365.400 km)		22:18 08:45
3 Mi			23:42 09:06
4 Do	0h Mars 3° südlich der Plejaden		-- 09:30
5 Fr	6h Mond 8° nordwestlich von Antares		01:05 10:00
6 Sa	Merkur in gr. westl. Elongation (27°), 2h Mond im absteigenden Knoten 4h Mond 8° östlich von Antares	LV 02:30	02:25 10:37
7 So			03:38 11:26
8 Mo			04:39 12:24
9 Di			05:27 13:33
10 Mi			06:04 14:46
11 Do			06:32 16:00
12 Fr			06:54 17:13
13 Sa		NM 11:21	07:13 18:24
14 So			07:30 19:33
15 Mo			07:45 20:40

Merkur Venus Mars Jupiter Saturn Mond

	abends nachts morgens	Mondphase	Aufgang Untergang
16 Di			08:01 21:48
17 Mi			08:17 22:55
18 Do	7h Mond in Erdferne (405.300 km)		08:37 --
19 Fr	20h Mond 2° südlich von Mars 23h Mond 5° nördlich von Aldebaran		09:00 00:02
Frühlingsanfang 20 Sa	6h Mond im aufsteigenden Knoten, 11h37m Sonne im Frühlingspunkt		09:30 01:09
21 So	0h Mars 7° nördlich von Aldebaran		EV 16:40 10:07 02:12
22 Mo			10:55 03:11
23 Di	20h Mond 6° südöstlich von Pollux		11:54 04:01
24 Mi			13:03 04:43
25 Do			14:19 05:17
26 Fr	Venus in oberer Konjunktion 4h Mond 4° nördlich von Regulus		15:40 05:44
27 Sa			17:03 06:07
28 So	2h Beginn der Sommerzeit (2h MEZ = 3h MESZ)		VM 20:48 19:27 07:28
29 Mo	22h Mond 5° nördlich von Spica		20:53 07:47
30 Di	8h Mond in Erdnähe (360.300 km)		22:19 08:08
31 Mi			23:47 08:31

Sonne und Planeten

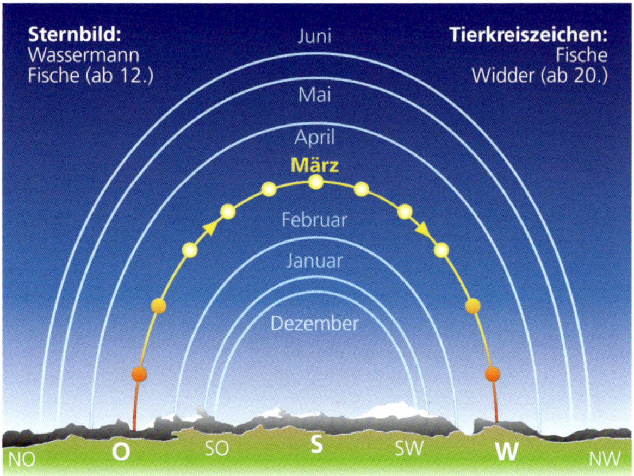

Dämmerung Anfang	Sonne Aufgang		Sonne Untergang	Dämmerung Ende
5:54	7:03	1.3.	18:02	19:12
5:22	6:31	16.3.	18:26	19:37

Die **SONNE** wandert zunächst durch den Wassermann und erreicht am 12.3. die Fische; am 20.3. wechselt sie in das Tierkreiszeichen Widder. Die Mittagshöhe nimmt von 33° auf 44° zu, die Länge des lichten Tages entsprechend von 10:59 Stunden auf 12:52 Stunden.

MERKUR erreicht zwar am 6.3. eine größte westliche Elongation, bleibt aber den ganzen Monat unsichtbar.

VENUS durchläuft am 26.3. ihre obere Konjunktion und bleibt weiterhin unsichtbar mit der Sonne am Taghimmel.

MARS zieht zum Frühlingsanfang rund 7° nördlich am etwas helleren Aldebaran vorbei.

JUPITER setzt sich in der Morgendämmerung zunehmend durch und geht zuletzt 1,5 Stunden vor der Sonne auf; Saturn überstrahlt er deutlich.

SATURN vergrößert seinen Aufgangsvorsprung vor Jupiter zwar geringfügig auf eine halbe Stunde, bleibt aber wegen seiner geringeren Helligkeit kaum länger sichtbar.

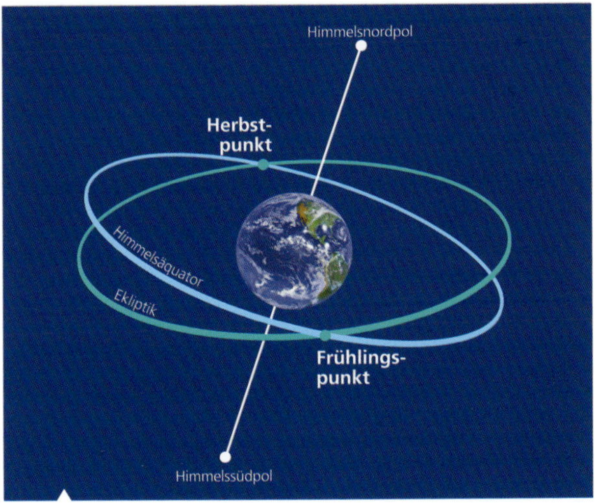

An den Punkten, an denen sich die Bahn der Sonne am Himmel (Ekliptik) und der Himmelsäquator kreuzen, befinden sich der Frühlings- und der Herbstpunkt.

DIE SONNE IM FRÜHLINGSPUNKT

Am 20. März um 11:37 Uhr MEZ steht die Sonne senkrecht über dem Erdäquator. An diesem Tag wandert sie in allen Orten am Äquator zur Mittagszeit durch den Zenit, den Scheitelpunkt des Himmels. Für ein halbes Jahr steht die Sonne bei uns nun wieder länger über dem Horizont als darunter und die Natur erwacht zu neuem Leben. Daher feierte man diesen Termin der Frühjahrs-Tagundnachtgleiche viele Jahrtausende hindurch auch als Jahresbeginn.

EINE LANGSAME KREISELBEWEGUNG

Könnte man die Sterne neben der Sonne am Taghimmel sehen, so würde deutlich, dass die Sonne gerade das Sternbild Fische durchquert. Trotzdem heißt der Frühlingspunkt, der Schnittpunkt zwischen Sonnenbahn (Ekliptik) und Himmelsäquator, vielfach Widderpunkt. Dieser Name stammt noch aus der Zeit vor gut zwei Jahrtausenden, als die Sonne zur Frühjahrs-Tagundnachtgleiche wirklich im Sternbild Widder stand. Allerdings vollführt die Erdachse aufgrund der Störeinflüsse von Sonne, Mond und Planeten eine ganz langsame Kreiselbewegung, wodurch der Frühlingspunkt im Verlauf von knapp 26.000 Jahren einmal westwärts durch die ganze Ekliptik wandert

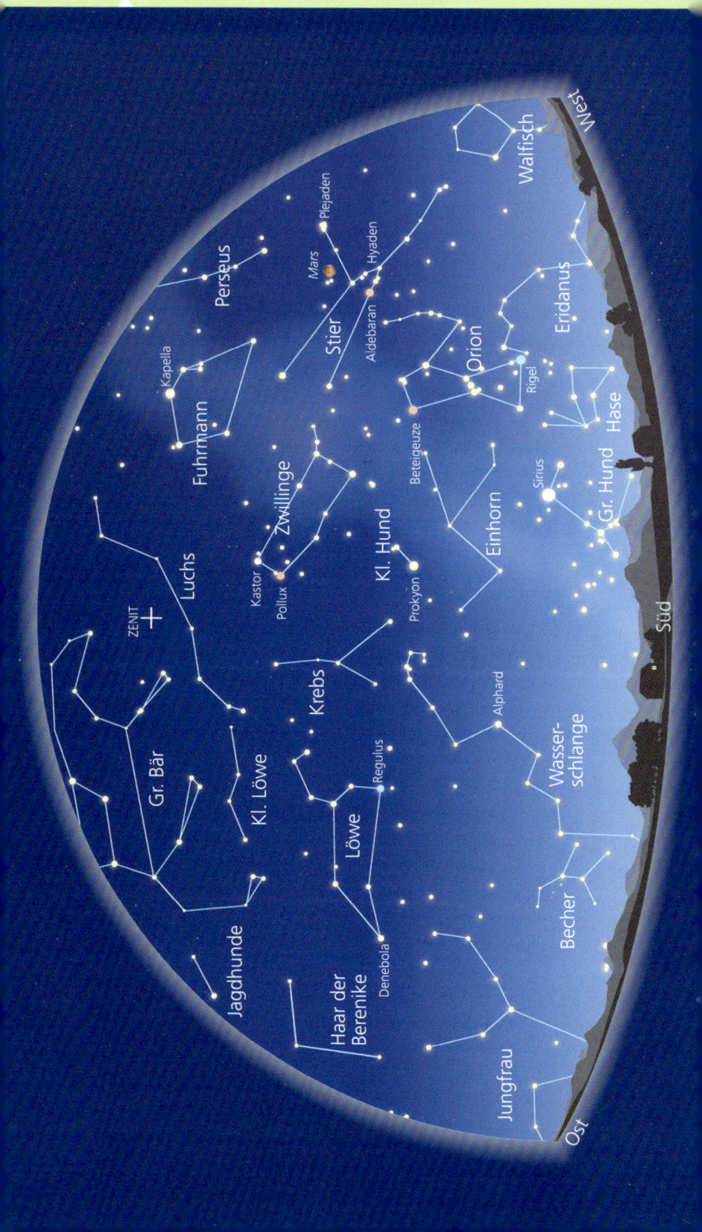
West
Walfisch
Plejaden
Perseus
Mars
Hyaden
Aldebaran
Stier
Eridanus
Orion
Rigel
Kapella
Fuhrmann
Hase
Beteigeuze
Zwillinge
Sirius
Gr. Hund
Einhorn
Kl. Hund
Luchs
Kastor
Pollux
Prokyon
ZENIT
Süd
Krebs
Alphard
Wasser-
schlange
Gr. Bär
Kl. Löwe
Regulus
Löwe
Becher
Jagdhunde
Denebola
Haar der
Berenike
Jungfrau
Ost

DER STERNHIMMEL IM MÄRZ

Mittlerweile drängen sich die Wintersternbilder zur gewohnten Beobachtungszeit (gegen 22 Uhr am Monatsanfang, zur Monatsmitte eine Stunde früher) bereits auf die westliche Hälfte des Himmels.

Doch leider bieten die nachfolgenden Frühjahrsfiguren nicht annähernd so viele helle Sterne wie der Winterhimmel. So enthält die Region um den mächtigen Löwen, der das Leitsternbild des Frühlingshimmels ist, nur zwei Sterne heller als zweite Größenklasse: Regulus, den Hauptstern im Löwen, und Alphard, den Hauptstern der Wasserschlange, der die Marke gerade noch erreicht. Alphard steht gut 20 Grad rechts unterhalb von Regulus und ist damit ähnlich weit von diesem entfernt wie Prokyon im Kleinen Hund von Pollux in den Zwillingen.

UROMAS ALTES BÜGELEISEN

Die himmlische Löwengestalt erinnert an die Silhouette einer von der Seite betrachteten liegenden Raubkatze: Regulus und die sichelförmige Sternenkette darüber deuten Brust und das Profil des Kopfes an, der Rest den ausgestreckten Körper; Denebola am linken Ende der Figur schließlich markiert den Schwanzansatz. Heute würde man dieses Sternbild vielleicht eher „Uromas altes Bügeleisen" nennen, denn man kann darin auch die Umrisse eines solchen Plättinstrumentes aus dem vorletzten Jahrhundert erkennen.

HELLER ALS 100 SONNEN

Regulus, der Hauptstern im Löwen, zählt mit einer Entfernung von rund 79 Lichtjahren noch zu den näheren Nachbarsternen der Sonne. Allerdings leuchtet er viel heller als der Zentralstern in unserem Planetensystem: Würde die Erde um Regulus kreisen, so wäre von dort aus die Sonne mit bloßem Auge gar nicht mehr zu erkennen. Dafür strahlt Regulus rund 150-mal heller als die Sonne bei uns, sodass es in seiner Umgebung auch um einiges heißer ist und die Erde in gleichem Abstand zu ihm sicher unbewohnbar wäre.

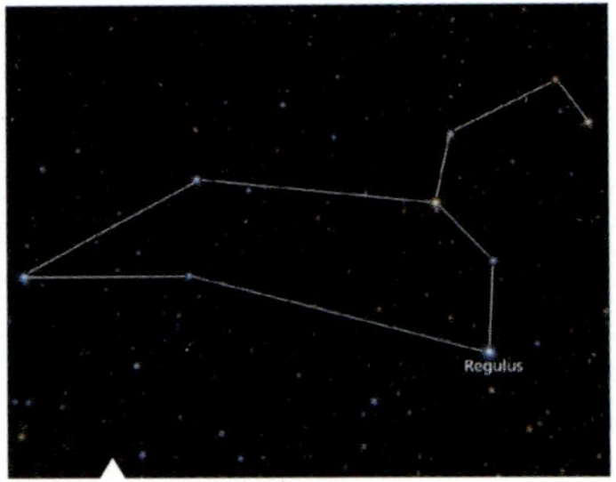

Das Sternbild Löwe mit Hauptstern Regulus ist leicht am Frühlingshimmel zu finden.

Was sich am Himmel tut

	abends – nachts – morgens	Mondphase	Aufgang / Untergang
1 Do			-- 08:59
Karfreitag 2 Fr	3h Mond 4° nordöstlich von Antares 5h Mond im absteigenden Knoten		01:11 09:34
3 Sa			02:29 10:19
Ostern 4 So			LV 12:02 03:36 11:17
Ostern 5 Mo			04:28 12:23
6 Di	6h Mond 6° südlich von Saturn		05:08 13:36
7 Mi	6h Mond 6° südlich von Jupiter		05:38 14:49
8 Do			06:01 16:02
9 Fr			06:20 17:13
10 Sa			06:36 18:21
11 So			06:52 19:29
12 Mo			NM 04:31 07:07 20:36
13 Di			07:23 21:44
14 Mi	20h Mond in Erdferne (406.100 km)		07:42 22:51
15 Do	23h Mond 6° nordwestlich von Aldebaran		08:03 23:59

Merkur – Venus – Mars – Jupiter – Saturn – Mond

	abends nachts morgens	Mond-phase	Aufgang Untergang
16 Fr	8h Mond im aufsteigenden Knoten 22h Mond 9° nordöstlich von Aldebaran 24h Mond 7° westlich von Mars		08:29 --
17 Sa	22h Mond 3° östlich von Mars		09:03 01:04
18 So			09:46 02:04
19 Mo	Merkur in oberer Konjunktion 22h Mond 4° südlich von Pollux		10:40 02:57
20 Di			EV 08:59 11:44 03:41
21 Mi			12:55 04:16
22 Do	22h Mond 6° nordöstlich von Regulus		14:12 04:45
23 Fr			15:33 05:09
24 Sa			16:54 05:30
25 So			18:19 05:49
26 Mo	5h Mond 6° nördlich von Spica		19:46 06:08
27 Di	17h Mond in Erdnähe (357.400 km)		VM 05:31 21:15 06:30
28 Mi			22:44 06:55
29 Do	5h Mond 5° nordwestlich von Antares, 11h Mond im absteigenden Knoten		-- 07:28
30 Fr			00:10 08:09

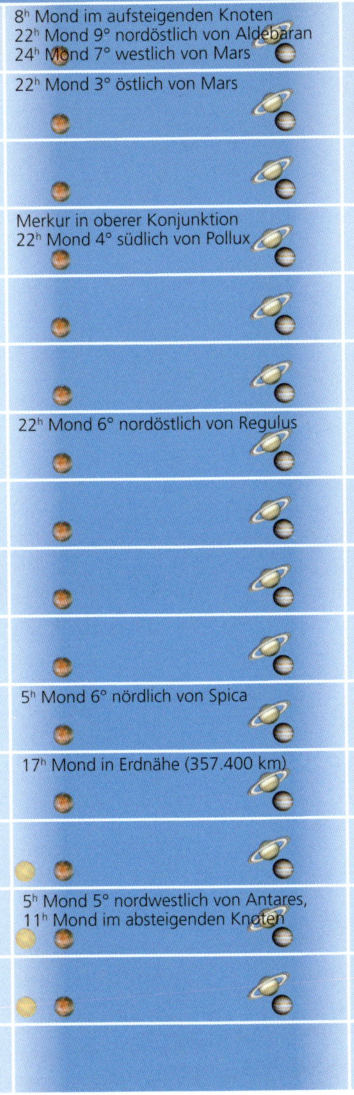

Sonne und Planeten

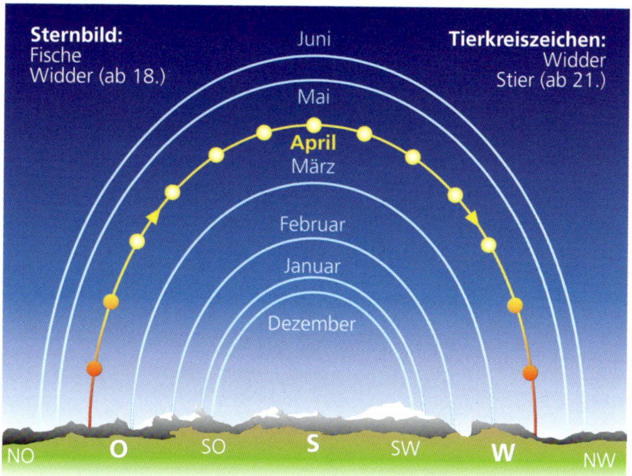

Dämmerung Anfang	Sonne Aufgang		Sonne Untergang	Dämmerung Ende
5:44	6:57	1.4.	19:52	21:04
5:08	6:25	16.4.	20:16	21:32

Die **SONNE** wandert durch die Fische und erreicht am 18.4. den Widder; am 21.4. wechselt sie in das Tierkreiszeichen Stier. Die Mittagshöhe nimmt von 45° auf 55° zu, die Länge des lichten Tages von 12:55 Stunden auf 14:40 Stunden.

MERKUR läuft der Sonne am Himmel hinterher und passiert am 19.4. seine obere Konjunktion; er bleibt unsichtbar.

VENUS stand im Vormonat jenseits der Sonne und kann sich vorerst noch nicht aus ihrem Glanz lösen.

MARS wechselt in die Zwillinge und geht aufgrund der Sommerzeit weiterhin erst nach Mitternacht unter.

JUPITER baut seinen Aufgangsvorsprung vor der Sonne weiter aus und wechselt wenige Tage vor Monatsende am Morgenhimmel vom Steinbock in den Wassermann.

SATURN geht zuletzt rund 2,5 Stunden vor der Sonne auf. Weil er langsamer ostwärts zieht als Jupiter, wächst der Winkelabstand in diesem Monat schon auf 15° an.

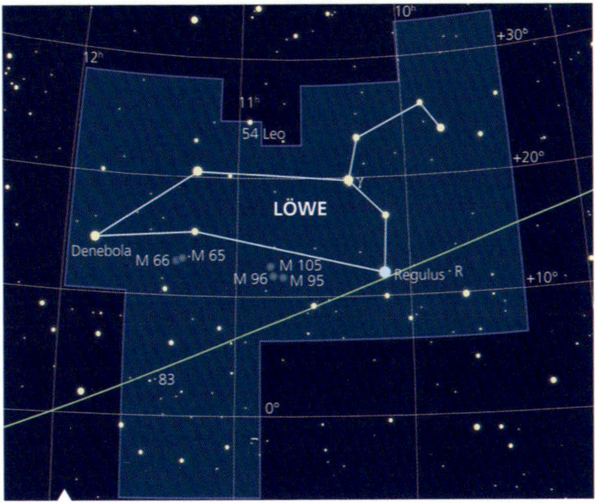

Das Sternbild Löwe ist derzeit gut am Südhimmel zu finden und bietet auch für Fernglas- und Teleskopbeobachter interessante Objekte.

DAS STERNBILD LÖWE

Der mächtige Löwe mit seinem Hauptstern Regulus steht zur Monatsmitte gegen 22 Uhr am Südhimmel. Wir blicken dann seitlich auf den lang gestreckten Körper der großen Raubkatze, die ihren Kopf westwärts gerichtet hat. Von dort kommt einmal im Monat der Mond, einmal im Jahr die Sonne sowie hin und wieder einer der Planeten. Um 2350 v. Chr., zur Hochzeit der sumerischen Kultur, markierte Regulus den Punkt der Sommersonnenwende. Damals sah es so aus, als zögen alle Wandelsterne einmal während ihres Umlaufs hinauf zu diesem Stern, um ihm als dem „König des Tierkreises" zu huldigen.

GALAXIEN UND EIN VERÄNDERLICHER STERN

Mit einem Fernglas kann man zumindest einen Doppelstern im Löwen erkennen (83 Leo), zwei weitere (γ und 54 Leo) bleiben kleinen Teleskopen vorbehalten. Ein solches Teleskop braucht man auch, um das Galaxienpaar Messier 65+66 oder die Gruppe um Messier 105 als Nebelfleckchen zu erkennen. Erwähnenswert ist schließlich auch noch der Stern R Leo etwa 5 Grad westlich von Regulus: ein langperiodisch Veränderlicher, der allerdings immer nur für wenige Wochen mit bloßem Auge an einem möglichst dunklen Himmel zu finden ist.

Sterne und Sternbilder

DER STERNHIMMEL IM APRIL

Durch die nun wieder geltende Sommerzeit wird die Dunkelheit künstlich um eine Stunde hinausgezögert. Entsprechend zeigt die Sternkarte den Anblick des Himmels am Monatsanfang für 23 Uhr MESZ, zur Monatsmitte eine Stunde früher.

LICHT AUS DER VERGANGENHEIT

Dann steht der Löwe mit Regulus, dem etwa 79 Lichtjahre entfernten Hauptstern, hoch im Süden. Sein Nachbar darüber, der deutlich weniger hell erscheint, ist dagegen mehr als 1270 Lichtjahre entfernt – sein „heutiges" Licht stammt also aus der Mitte des achten Jahrhunderts, noch vor der Zeit Karls des Großen. In ähnlichem Abstand zu Regulus, aber nach links unten versetzt (unter dem e von „Löwe"), steht mit ρ Leo schließlich ein Stern, dessen Licht 5400 Jahre bis zu uns unterwegs war und damit aus der Zeit stammt, in der Stadtstaaten im Zweistromland ihre erste Blütezeit erreichten.

KLEINER LÖWE UND GROSSER BÄR

Über dem Kopf des Löwen weist die Sternkarte den Kleinen Löwen aus, eines von insgesamt vier Miniaturausgaben großer Figuren (die anderen sind der Kleine Hund, der Kleine Bär und das Füllen). Das unscheinbare Sternbild wurde 1687 von dem Danziger Astronomen Johann Hewelcke (auch Hevelius) eingeführt, um die an hellen Sternen arme Region zwischen dem Löwen und dem Großen Bären zu schließen. Letzterer ist (nur) in diesem Monat vollständig auf der Sternkarte finden, am Himmel dagegen das ganze Jahr über zu jeder Nachtstunde, denn der Große Bär – korrekt eigentlich: die Große Bärin – gehört bei uns zu den Sternbildern, die nie untergehen, den sogenannten Zirkumpolarsternbildern.

WEGWEISER ZUM FRÜHLINGSDREIECK

Sieben der helleren Sterne des Großen Bären lassen sich zur bekannten Form des Großen Wagens zusammenfassen: Vier bilden den Wagenkasten und drei die sogenannte Deichsel, an der man den Wagen ziehen oder schieben kann. Folgt man dem geschwungenen Bogen dieser Deichsel Richtung Osthorizont, so trifft man in einigem Abstand auf einen auffallend hellen, leicht orange-roten Stern: Arktur, den Hauptstern des Rinderhirten. Und wenn man den Bogen noch einmal um die gleiche Länge fortführt, gelangt man zu weißlichen Spica, dem Hauptstern in der Jungfrau. Arktur und Spica bilden zusammen mit Regulus das sogenannte Frühlingsdreieck.

Was sich am Himmel tut

	abends / nachts / morgens	Mondphase	Aufgang Untergang
Maifeiertag 1 Sa			01:25 09:04
2 So			02:25 10:10
3 Mo			LV 21:50 03:10 11:23
4 Di	4h30m Mond 7° südöstlich von Saturn		03:43 12:38
5 Mi	3h Eta Aquariden im Maximum 5h Mond 5° südlich von Jupiter		04:08 13:52
6 Do			04:28 15:03
7 Fr			04:45 16:12
8 Sa			05:00 17:20
9 So			05:15 18:27
10 Mo			05:31 19:34
11 Di	24h Mond in größter Erdferne (406.500 km)		NM 21:00 05:48 20:42
12 Mi			06:07 21:50
Himmelfahrt 13 Do	12h Mond im aufsteigenden Knoten 22h Mond 3° südlich von Merkur		06:32 22:56
14 Fr			07:03 23:58
15 Sa	24h Mond 4° westlich von Mars		07:43 --

Merkur Venus Mars Jupiter Saturn Mond

	abends / nachts / morgens	Mondphase	Aufgang Untergang
16 So	22h Mond 7° östlich von Mars		08:32 00:53
17 Mo	Merkur in größter östlicher Elongation (22°), **Abendsichtbarkeit** 0h Mond 4° südwestlich von Pollux		09:32 01:40
18 Di			10:40 02:18
19 Mi			EV 21:13 11:54 02:48
20 Do	1h Mond 4° nördlich von Regulus		13:10 03:13
21 Fr			14:28 03:34
22 Sa			15:50 03:52
Pfingsten 23 So	Saturn beginnt Oppositionsschleife 23h Mond 5° nordöstlich von Spica		17:13 04:11
Pfingsten 24 Mo			18:39 04:30
25 Di			20:08 04:53
26 Mi	4h Mond in größt Erdnähe (357.300 km), größt. VM d. Jahres, 13h Tot. MoFi (bei uns unbeobachtbar), 22h Mond im abst. Knoten		VM 13:14 21:38 05:21
27 Do			23:01 05:58
28 Fr			-- 06:47
29 Sa			00:11 07:50
30 So			01:05 09:03
31 Mo	4h Mond 5° südlich von Saturn 23h Mars 5° südlich von Pollux		01:44 10:20

Sonne und Planeten

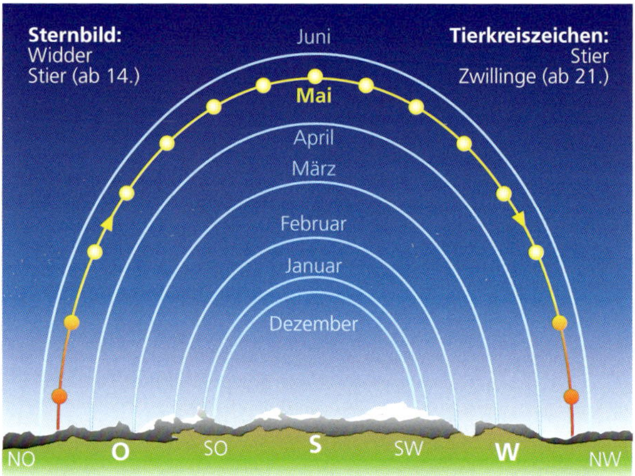

Dämmerung Anfang	Sonne Aufgang		Sonne Untergang	Dämmerung Ende
4:33	5:56	1.5.	20:39	22:03
4:00	5:32	16.5.	21:01	22:35

Die **SONNE** wandert zunächst durch den Widder und erreicht am 14.5. den Stier; am 21.5. wechselt sie in das Tierkreiszeichen Zwillinge. Die Mittagshöhe nimmt von 55° auf 62° zu, die Länge des lichten Tages entsprechend von 14:43 Stunden auf 16:03 Stunden.

MERKUR steht am 17.5. in größter östlicher Elongation und ist am Abendhimmel zu finden.

VENUS taucht allmählich wieder am Abendhimmel auf, wo sie zuletzt rund 1,5 Stunden nach der Sonne untergeht.

MARS durcheilt die Zwillinge ostwärts und zieht am Monatsende 5° südlich am deutlich helleren Pollux vorbei.

JUPITER zieht am Morgenhimmel weiter ostwärts durch den Wassermann, wo er alle übrigen Gestirne bis auf den Mond überstrahlt.

SATURN tritt fast auf der Stelle und kehrt am 23.5. seine Bewegungsrichtung um; damit beginnt seine diesjährige Oppositionsschleife.

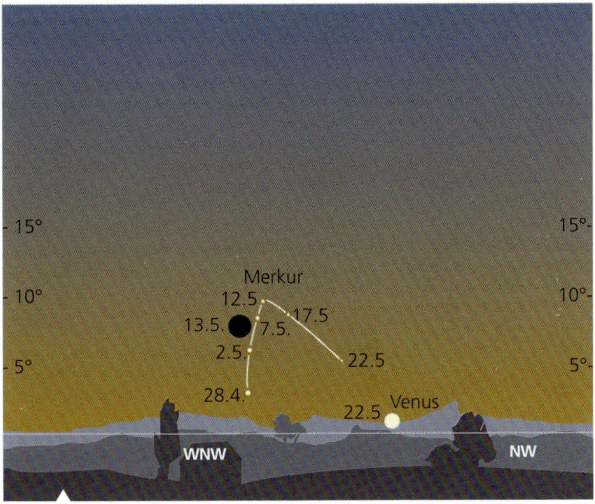

Am Abendhimmel zeigen sich die beiden inneren Planeten Merkur und Venus. Für Merkur hilft erneut die Mondsichel; Venus steht tief über dem Nordwesthorizont.

MERKUR UND VENUS AM ABENDHIMMEL

Zum zweiten Mal in diesem Jahr taucht der sonnennahe Merkur am Abendhimmel auf und erreicht am 17.5. eine größte östliche Elongation. Ab dem Monatsanfang kann man versuchen, ihn über einem niedrigen Nordwesthorizont zu erspähen; er hat dann zwar noch nicht den größten Winkelabstand erreicht, sollte sich aber wegen seiner anfangs noch größeren Helligkeit dennoch gegen den hellen Dämmerungshimmel durchsetzen. Aber Vorsicht: Spätestens um den 10.5. erscheint auch die helle Venus tief über dem Nordwesthorizont und die ist natürlich wesentlich auffälliger.

HILFE DURCH DEN MOND

Am 13. Mai steht die sehr schmale Mondsichel rund 2,5 Grad links unterhalb von Merkur – spätestens dann sollte man den flinken Götterboten eindeutig identifizieren können. Notfalls hilft ein Fernglas, das Mond und Merkur im gleichen Gesichtsfeld zeigt. Danach kann man Merkur noch ein paar Tage erkennen und verfolgen, wie Venus von Tag zu Tag ein Stückweit näherkommt. Erreichen wird sie ihn aber nicht mehr, solange dieser noch mit bloßem Auge zu erkennen ist: Erst am 29.5. zieht sie weniger als ein halbes Grad nördlich an Merkur vorbei.

West
Süd
Ost
ZENIT
Kl. Hund
Prokyon
Krebs
Luchs
Wasser-
schlange
Alphard
Regulus
Löwe
Gr. Bär
Mel 111
Haar der
Berenike
Becher
Jagdhunde
Cor Caroli
Rabe
Spica
Wasser-
schlange
Drache
Rinderhirte
Arktur
Jungfrau
Schlange
Waage
Skorpion
Nördl.
Krone
Herkules
Schlangen-
träger
Schlange

DER STERNHIMMEL IM MAI

Der späte Sonnenuntergang sorgt zusammen mit der immer längeren Dämmerungsphase dafür, dass es – zumindest in der zweiten Monatshälfte – erst in der letzten Stunde vor Mitternacht (Sommerzeit) dunkel genug ist, um die meisten der auf der Übersichtskarte dargestellten Sterne zu finden. Deshalb zeigt diese Karte für die nächsten drei Monate den Anblick des Himmels erst für Mitternacht am Monatsanfang (oder 23 Uhr MESZ zur Monatsmitte).

GEDULD IST GEFRAGT

Doch selbst dann wird die Geduld der Himmelsbeobachter noch ziemlich strapaziert, denn der Südhimmel enthält jetzt nur wenige wirklich helle Sterne. Zu ihnen gehört Arktur, der orangegelbe Hauptstern des Rinderhirten Bootes, der als Erster hoch im Südosten am noch aufgehellten Dämmerungshimmel sichtbar wird. Tiefer am Südhorizont funkelt die bläulichweiße Spica: Sie strahlt in Wirklichkeit viel heller als Arktur, ist aber auch mehr als siebenmal so weit entfernt wie dieser. Später werden sich dann auch die Sterne des Großen Wagens als Teil des Großen Bären hoch im Zenit gegen die verblassende Resthelligkeit des Himmels durchsetzen.

EIN KÖNIGSSTERN

Unterhalb der Deichsel des Großen Wagens (dem zoologisch nicht korrekten Schwanz des Großen Bären) überqueren die Jagdhunde die Nord-Süd-Linie. Hier findet man nur lichtschwache Sterne – bis auf den Hauptstern Cor Caroli. Er trägt diesen Namen, weil er 1660, als der englische König Charles II. nach London kam und die Monarchie wiedererrichtete, besonders hell geleuchtet haben soll; Edmond Halley hat den Stern entsprechend getauft. Ob er am Tag des Brexits besonders hell (oder vielleicht auch besonders schwach) geleuchtet hat, ist dagegen nicht überliefert.

HAAR DER BERENIKE

Zwischen den Jagdhunden und der Jungfrau liegt das unscheinbare Sternbild Haar der Berenike, das an den Haarschopf einer griechisch-ägyptischen Königin erinnert. Diese wollte damit als Opfer auf dem Altar der Liebesgöttin Aphrodite um die wohlbehaltene Rückkehr ihres Gatten aus einem Kriegszug bitten. Tatsächlich enthält das Sternbild einen offenen Sternhaufen, dessen hellste Sterne gerade noch mit bloßem Auge zu erkennen sind und so einen feinen, silbrig glänzenden Schimmer an den Himmel zaubern.

Was sich am Himmel tut

	abends nachts morgens	Mondphase	Aufgang Untergang
1 Di	4ʰ Mond 7° südlich von Jupiter		02:12 11:38
2 Mi			LV 09:24 02:34 12:51
Fronleichnam 3 Do			02:52 14:02
4 Fr			03:08 15:11
5 Sa			03:23 16:18
6 So			03:38 17:25
7 Mo			03:55 18:32
8 Di	4ʰ Mond in Erdferne (406.200 km)		04:13 19:40
9 Mi	19ʰ Mond im aufsteigenden Knoten		04:36 20:47
10 Do	12ʰ43ᵐ Ringförmige Sonnenfinsternis (bei uns als partielle Finsternis sichtbar)		NM 10:53 05:05 21:51
11 Fr	Merkur in unterer Konjunktion		05:42 22:49
12 Sa	22ʰ Mond 6° östlich von Venus		06:28 23:40
13 So	23ʰ Mond 2° nördlich von Mars und 8° südöstlich von Pollux		07:26 --
14 Mo			08:31 00:20
15 Di			09:43 00:52

Merkur Venus Mars Jupiter Saturn Mond

	abends – nachts – morgens	Mondphase	Aufgang Untergang
16 Mi	0^h Mond 5° nördlich von Regulus, frühester Sonnenaufgang (5^h10^m)		10:57 01:18
17 Do			12:13 01:39
18 Fr			EV 05:54 13:31 01:58
19 Sa			14:50 02:15
20 So	Jupiter beginnt Oppositionsschleife 1^h Mond 6° nördlich von Spica		16:12 02:34
Sommeranfang 21 Mo	5^h32^m Sommersonnenwende		17:37 02:54
22 Di			19:05 03:18
23 Mi	2^h Mond 5° nordwestlich von Antares 8^h Mond im absteigenden Knoten 12^h Mond in Erdnähe (360.000 km)		20:31 03:50
24 Do	Kürzeste Vollmondnacht des Jahres		VM 20:40 21:48 04:31
25 Fr	Spätester Sonnenuntergang (21^h33^m)		22:51 05:28
26 Sa			23:38 06:37
27 So	4^h Mond 8° südwestlich von Saturn		-- 07:55
28 Mo			00:12 09:15
29 Di	2^h Mond 5° südöstlich von Jupiter		00:37 10:33
30 Mi			00:57 11:47

Sonne und Planeten

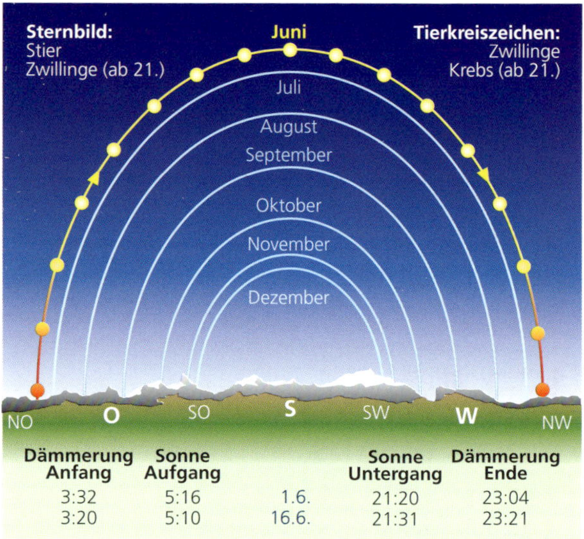

Die **SONNE** wandert zunächst durch das Sternbild Stier und erreicht am 21.6. die Zwillinge; am selben Tag wechselt sie in das Tierkreiszeichen Krebs. Die Mittagshöhe nimmt von 62° auf 63° zu, die Länge des lichten Tages entsprechend von 16:05 auf maximale 16:22 Stunden am 21.6.; danach schrumpft sie wieder auf 16:18 Stunden.

MERKUR steht am 11.6. in unterer Konjunktion mit der Sonne und bleibt den ganzen Monat hindurch unsichtbar.

VENUS vergrößert ihren Winkelabstand zur Sonne zwar auf 25°, geht aber weiterhin rund 1,5 Stunden nach der Sonne unter und ist nur bei freiem Blick zum Horizont zu finden.

MARS wird im Krebs zunehmend von der Sonne eingeholt und geht zuletzt weniger als 2 Stunden nach ihr unter.

JUPITER verlegt seinen Aufgang in die Stunde vor Mitternacht und beginnt am 20.6. mit seiner Oppositionsschleife.

SATURN zieht nun langsam westwärts durch den Steinbock, wo er heller als die Sterne der Umgebung leuchtet.

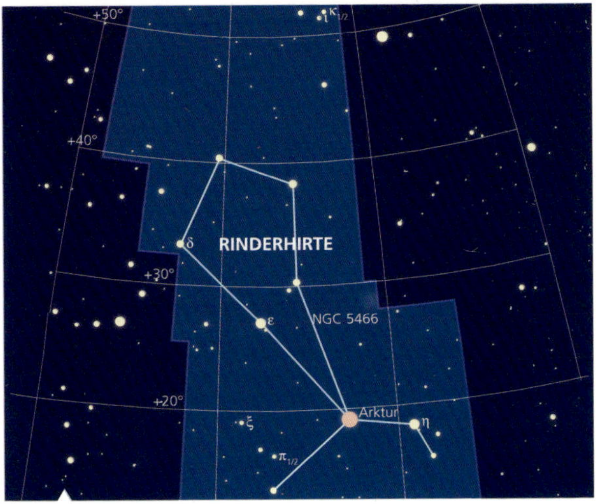

Das Sternbild Bootes, auch Rinderhirte genannt, ist auffallend reich an leicht zu trennenden Doppelsternen.

DAS STERNBILD RINDERHIRTE

Wenn im Frühsommer die Abenddämmerung langsam fortschreitet, taucht hoch am Südhimmel zunächst der helle Stern Arktur auf, der Hauptstern im Sternbild Rinderhirte. Erst in der Stunde vor Mitternacht sind die Umrisse seiner Figur vollständig zu erkennen: Sie erinnern an einen Papierdrachen oder eine vom Wind senkrecht hochgewehte Krawatte. Bei den Griechen der Antike hieß dieses Sternbild Bootes, wohl in Anlehnung an die in der nordwestlich von Athen gelegenen Region Bootien damals reichlich existierenden Rinderweiden und -hirten. Arktur dagegen bezeichnet den Bärenhüter oder -jäger, der den Großen und Kleinen Bären immer um den Polarstern treibt.

ZAHLREICHE DOPPELSTERNE

Schon mit dem Fernglas lassen sich im Rinderhirten mehrere Doppelsterne beobachten, so zum Beispiel δ, η, $\kappa_{1/2}$ und ι Boo. Ein Teleskop zeigt weitere, auch engere Paare wie ε, $\pi_{1/2}$ und ξ. Dafür enthält das Sternbild kaum sogenannte Deep-Sky-Objekte wie Sternhaufen, Gasnebel oder Galaxien, die mit kleineren Instrumenten zu erkennen wären. Bestenfalls der kugelförmige Sternhaufen NGC 5466 liegt als Objekt der achten Größenklasse in deren Reichweite.

Sterne und Sternbilder

DER STERNHIMMEL IM JUNI

Zur Sommersonnenwende dauert der „lichte Tag" – die Zeit zwischen Sonnenauf- und -untergang – für Beobachter am 50. Breitengrad nördlich des Äquators fast 16,5 Stunden. Und da die Sonne den Horizont nur unter einem recht flachen Winkel überschreitet, braucht sie anschließend auch „endlos", um für eine ausreichende Dunkelheit tief genug unter den Horizont zu sinken. Nördlich des 50. Breitengrades wird es den ganzen Juni über sogar überhaupt nicht mehr richtig dunkel, denn dazu muss die Sonne mehr als 18 Grad unter dem Horizont stehen. Stattdessen geht die Abenddämmerung nahtlos in die Morgendämmerung über.

KEIN SPEKTAKULÄRER AUFTRITT

Viel verpassen wir in diesem Monat am Himmel nicht, denn gegen Mitternacht am Monatsanfang (zur Monatsmitte eine Stunde früher) haben sich die Frühjahrssternbilder um den Rinderhirten, die Jungfrau und den Löwen bereits auf die Westhälfte des Himmels zurückgezogen. Dafür warten nahe dem Meridian, der Nord-Süd-Linie, die Nördliche Krone, der Kopf der Schlange und das unscheinbare Ekliptiksternbild Waage auf ihren Auftritt, der vom störenden Restlicht der Dämmerung allerdings ziemlich beeinträchtigt wird.

ANTARES, DER ROTE RIESE

Einzig Antares, der rötliche Hauptstern im Skorpion, funkelt tief über dem Südhorizont als Stern der ersten Größenklasse, doch wird sein Licht durch die horizontnahen Dunstschichten stark geschwächt. Antares ist nach neueren Angaben rund 550 Lichtjahre von uns entfernt und gehört zu den roten Überriesen: Befände er sich an der Stelle der Sonne, so würde er bis weit über die Marsbahn hinausreichen, und Merkur, Venus, Erde und Mars wären längst von ihm verschluckt.

NICHT VERPASSEN!

Um die Mittagszeit des 10. Juni schiebt sich der Mond von uns aus gesehen vor die Sonne und sorgt so für eine Finsternis. Zwar reichen die Randbedingungen nirgendwo auf der Erde für eine totale Sonnenfinsternis, wohl aber für eine ringförmige Sonnenfinsternis von knapp vier Minuten Dauer hoch im Norden (siehe Seite 16).

VORSICHT: NIE OHNE AUSREICHENDEN SCHUTZ IN DIE PARTIELL VERFINSTERTE SONNE SCHAUEN, SCHON GAR NICHT MIT EINEM FERNGLAS ODER TELESKOP – ES BESTEHT UNMITTELBARE ERBLINDUNGSGEFAHR!

	abends / nachts / morgens	Mond-phase	Aufgang Untergang
1 Do	Merkur in unterer Konjunktion		LV 23:11 01:14 12:58
2 Fr			01:30 14:06
3 Sa			01:45 15:14
4 So	Merkur in größter westlicher Elongation (22°)		02:01 16:21
5 Mo	17h Mond in Erdferne (405.300 km)		02:18 17:29
6 Di	0h Erde in Sonnenferne (152,1 Mio. km)		02:39 18:36
7 Mi	1h Mond im aufsteigenden Knoten 4h Mond 5° nördlich von Aldebaran		03:06 19:42
8 Do			03:40 20:43
9 Fr			04:23 21:36
10 Sa			NM 03:16 05:18 22:20
11 So			06:22 22:55
12 Mo	22h Mond 5° östlich von Venus		07:33 23:23
13 Di	22h Venus 0,5° nordöstlich von Mars		08:47 23:45
14 Mi			10:03 --
15 Do			11:20 00:04

Merkur Venus Mars Jupiter Saturn Mond

	abends	nachts	morgens	Mondphase	Aufgang Untergang
16 Fr	23h Mond 9° nordwestlich von Spica				12:37 00:22
17 Sa	23h Mond 8° östlich von Spica				EV 12:11 13:56 00:39
18 So					15:18 00:58
19 Mo					16:41 01:20
20 Di	15h Mond im absteigenden Knoten 23h Mond 5° nordöstlich von Antares				18:06 01:47
21 Mi	13h Mond in Erdnähe (364.500 km)				19:26 02:22
22 Do					20:34 03:11
23 Fr					21:28 04:13
24 Sa	23h Mond 5° südöstlich von Saturn				VM 04:37 22:08 05:28
25 So					22:37 06:48
26 Mo	4h Mond 5° südlich von Jupiter				23:00 08:09
27 Di					23:18 09:26
28 Mi					23:35 10:40
29 Do					23:50 11:51
30 Fr					-- 13:00
31 Sa					LV 15:16 00:05 14:08

Sonne und Planeten

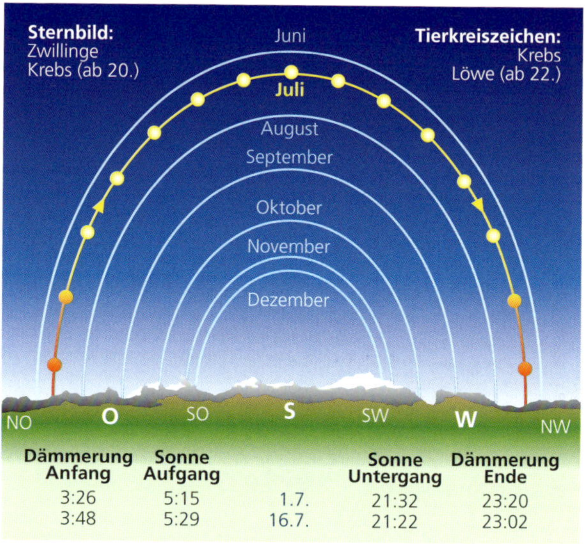

Die **SONNE** wandert zunächst durch die Zwillinge und erreicht am 20.7. den Krebs; am 22.7. wechselt sie in das Tierkreiszeichen Löwe. Die Mittagshöhe nimmt von 63° auf 58° ab, die Länge des lichten Tages entsprechend von 16:17 Stunden auf 15:16 Stunden.

MERKUR steht am 4.7. in größter westlicher Elongation, bleibt aber am Morgenhimmel kaum zu sehen.

VENUS rückt zwar langsam weiter von der Sonne ab, kann ihre Sichtbarkeitsdauer aber kaum verlängern.

MARS zieht sich vom Abendhimmel zurück; die nachfolgende Sonne rückt bis auf 22° heran.

JUPITER wandert nun wieder langsam westwärts durch das Sternbild Wassermann in Richtung Steinbock.

SATURN befindet sich auf westlichem Kurs durch den Steinbock, kommt dabei aber nicht so schnell voran wie Jupiter, sodass dieser den gegenseitigen Abstand noch einmal verkürzt.

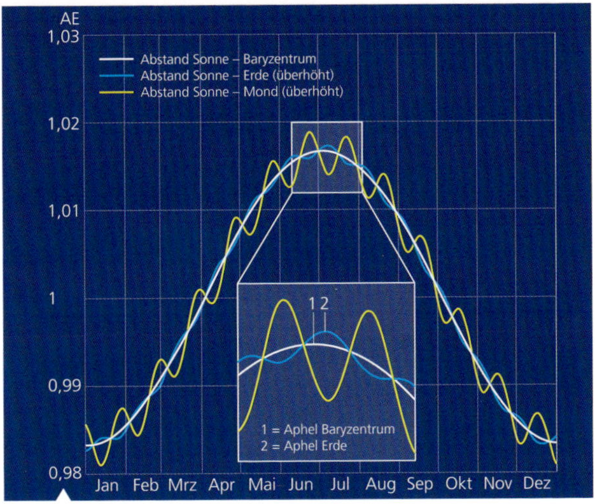

Die Erde zieht regelrechte Schlangenlinien um die Sonne und ihre Abstände im Perihel und Aphel schwanken.

ERDE IM SONNENFERNSTEN PUNKT

Erst am Morgen des 6. Juli (also ungewöhnlich spät) durchläuft die Erde in diesem Jahr den sonnenfernsten Punkt ihrer Bahn. Im vergangenen Jahr wurde dieser Bahnpunkt bereits 39 Stunden früher passiert und 2017 zog die Erde sogar schon am Abend des 3. Juli durch das sogenannte Aphel. Dafür rückt die Erde dieses Mal besonders weit von der Sonne ab, nämlich bis auf 152.100.532 Kilometer; im vergangenen Jahr waren es 5235 Kilometer weniger, 2017 sogar 8034 Kilometer.

DER MOND SPIELT MIT

Ursache hierfür sind die Störkräfte von Sonne, Mond und den großen Planeten. Sie sorgen dafür, dass die Erdbahn keine wirklich in sich geschlossene Kurve ist, sondern einen gewissen „Korridor" entlang der idealen Ellipsenbahn beansprucht. So bewegt sich die Erde aufgrund der Umlaufbewegung des Mondes gleichsam ein wenig schlangenlinienförmig um die Sonne und befindet sich je nach Mondphase etwas innerhalb oder außerhalb der Idealbahn. Der gemeinsame Schwerpunkt von Erde und Mond (Baryzentrum) erreicht übrigens schon 22 Stunden vor der Erde den größten Sonnenabstand, doch der Mond drängt die Erde anschließend noch ein wenig weiter von der Sonne weg.

Sterne und Sternbilder

DER STERNHIMMEL IM JULI

Erst in der letzten Stunde vor Mitternacht wird es ausreichend dunkel, um mehr als nur die hellsten Lichtpunkte am Himmel erkennen zu können. Schuld daran ist die momentane Ausrichtung der Erdachse, durch die die Nordhalbkugel der Erde derzeit noch stark zur Sonne geneigt ist. Das führt dazu, dass die Sonne bei uns mehr als 16 Stunden über dem Horizont steht und für die Nacht kaum Platz bleibt.

ZWEI HIMMLISCHE RIESEN

Wenn es dann aber endlich doch dunkel genug geworden ist, erscheint der Himmel zumindest in südlicher Richtung auffallend arm an hellen Sternen. Dabei wandern dort zwei Riesengestalten aus der griechischen Sagenwelt über den Himmel: der Schlangenträger und Herkules (griechisch: Herakles), der zwölf, scheinbar unlösbare Aufgaben erfüllen musste, ehe er schließlich die Unsterblichkeit der Götter erlangte und in den Olymp aufgenommen wurde.

KOPFÜBER AM HIMMEL

Herkules ist flächenmäßig eines der größten Sternbilder – mehr als doppelt so groß wie zum Beispiel der Himmelsjäger Orion. Die Sternkarte zeigt ein zentrales Viereck, von dessen Ecken jeweils leicht geknickte Sternreihen ausgehen: Sie markieren nach oben rechts und links die beiden Beine (Herkules zieht kopfüber am Himmel entlang), nach unten den Brustkorb, einen Arm und den Kopfstern Ras Algethi. Dieser ist zwar Hauptstern, aber wegen seiner unregelmäßigen Veränderlichkeit keineswegs immer der hellste Stern im Herkules.

DAS 13. EKLIPTIKSTERNBILD

Unterhalb von Herkules kann man mit etwas Geschick den Schlangenträger finden, der an Äskulap, den griechischen Gott der Heilkunst erinnern soll; die giftige Schlange, die sich um seinen Körper windet, hat er fest im Griff. Eigentlich gehört der Schlangenträger zu den Ekliptiksternbildern, denn alljährlich im Dezember wandert die Sonne auf ihrer scheinbaren Bahn am Himmel durch sein Gebiet, aber vielleicht wurde seine Zugehörigkeit dem abergläubischen Zahlenmythos um die Zahl 13 geopfert.

Unterdessen nähert sich der Drachenkopf seiner Höchststellung unweit des Zenits. Das dazugehörige Sternbild schlängelt sich außerhalb der Sternkarte nach Norden und umschließt dabei weite Teile des Kleinen Bären und trennt diesen so vom benachbarten Großen Bären ab.

Was sich am Himmel tut

	abends nachts morgens	Mond-phase	Aufgang Untergang
Schweizer Bundesfeier 1 So	Merkur in oberer Konjunktion		00:22 15:16
2 Mo	Saturn in Opposition 10h Mond in Erdferne (404.400 km)		00:42 16:23
3 Di	4h Mond 5° nördlich von Aldebaran 5h Mond im aufsteigenden Knoten		01:07 17:30
4 Mi			01:38 18:33
5 Do			02:17 19:30
6 Fr			03:08 20:17
7 Sa			04:09 20:55
8 So			NM 15:50 05:19 21:25
9 Mo			06:34 21:50
10 Di			07:51 22:10
11 Mi	21h30m Mond 5° östlich von Venus		09:09 22:28
12 Do	Perseiden im Maximum (abends)		10:26 22:45
13 Fr	21h30m Mond 5° nordöstlich von Spica		11:46 23:04
14 Sa			13:06 23:24
Liechtenstein. Staatsfeiertag 15 So			EV 17:20 14:28 23:49

Merkur Venus Mars Jupiter Saturn Mond

	abends nachts morgens	Mondphase	Aufgang Untergang
16 Mo	18h Mond im absteigenden Knoten 22h Mond 3° nördlich von Antares		15:52 --
17 Di	11h Mond in Erdnähe (369.100 km)		17:11 00:20
18 Mi			18:22 01:03
19 Do			19:21 01:58
20 Fr	Jupiter in Opposition		20:04 03:07
21 Sa	3h Mond 4° südlich von Saturn		20:37 04:24
22 So	5h Mond 5°südlich von Jupiter	VM 14:02	21:02 05:45
23 Mo			21:22 07:03
24 Di			21:39 08:19
25 Mi			21:54 09:32
26 Do			22:09 10:43
27 Fr			22:26 11:53
28 Sa			22:44 13:01
29 So			23:07 14:10
30 Mo	4h Mond in Erdferne (404.100 km) 5h Mond 7° nordwestlich von Aldebaran, 7h Mond im aufsteigenden Knoten	LV 09:13	23:35 15:17
31 Di	1h Mond 8° nordöstlich von Aldebaran		-- 16:21

AUG
Sonne und Planeten

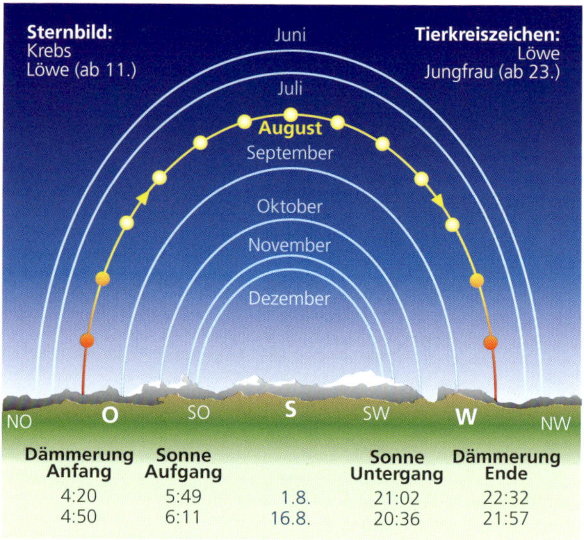

Die **SONNE** wandert zunächst durch den Krebs und erreicht am 11.8. den Löwen; am 23.8. wechselt sie in das Tierkreiszeichen Jungfrau. Die Mittagshöhe nimmt von 58° auf 48° ab, die Länge des lichten Tages entsprechend von 15:13 Stunden auf 13:32 Stunden.

MERKUR steht am 1.8. in oberer Konjunktion; er bleibt weiterhin unsichtbar.

VENUS verliert an Sichtbarkeitsdauer, weil sie südlicher als die Sonne steht.

MARS ist endgültig im Glanz der Sonne verschwunden und hat sich damit für den Rest des Jahres von der himmlischen Bühne verabschiedet.

JUPITER erreicht am 20.8. seine Opposition im Steinbock und ist dort wegen seiner großen Helligkeit nicht zu verfehlen.

SATURN erreicht am 2.8. seine diesjährige Opposition und ist die ganze Nacht über im Steinbock zu beobachten.

Schon ein Fernglas zeigt den größten Saturnmond Titan (hier: oben); für die Ringe braucht man eine stärkere Vergrößerung.

SATURN UND JUPITER IN OPPOSITION

Ähnlich wie im letzten Jahr erreichen die beiden Gasriesen auch diesmal ihre Oppositionsstellungen in kurzer Folge – allerdings ist der zeitliche Abstand mit 18 Tagen schon deutlich größer als 2020 und die Reihenfolge hat sich umgekehrt. Nach der engen Konjunktion im Dezember letzten Jahres ist der langsamere Saturn gegenüber dem schnelleren Jupiter deutlich zurückgeblieben und steht daher der Sonne am 2.8. als erster im Sternbild Steinbock gegenüber; Jupiter folgt dann am 20.8. im gleichen Sternbild, nachdem er tags zuvor im Zuge seiner rückläufigen Bewegung während der Oppositionsschleife noch rasch die Grenze zwischen Wassermann und Steinbock überquert hat.

FÜNF MONDE

In diesem Abschnitt der Ekliptik stehen beide Planeten selbst im Süden immer noch recht niedrig über dem Horizont und ziehen nur in vergleichsweise flachen Bögen über den Himmel. Teleskopbeobachtungen sind wegen der dort starken Luftunruhe eher wenig reizvoll. Aber man kann stattdessen auf die Beobachtung der vier großen Jupitermonde und des Saturnmondes Titan ausweichen, die allesamt schon in einem Fernglas zu erkennen sind.

West
Rinderhirte
Arktur
Jungfrau
Schlange
Nördl. Krone
Skorpion
Antares
Ras Algethi
Schlangen-träger
Drache
Herkules
Ras Alhague
ZENIT
Wega
Leier
Schlange
Süd
Adler
Schwan
Kepheus
Pfeil
Atair
Schütze
Deneb
Delfin
Saturn
Steinbock
Jupiter
Wasser-mann
Pegasus
Fische
Ost

DER STERNHIMMEL IM AUGUST

Die Länge des lichten Tages schrumpft in diesem Monat von anfangs gut 15 Stunden auf etwas über 13,5 Stunden und so wird es auch wieder früher dunkel. Deshalb zeigt die Sternkarte den Anblick des Himmels nun wieder für 23 Uhr Sommerzeit am Monatsanfang (oder eine Stunde früher zur Monatsmitte).

DER SEGELNDE SCHWAN

Dann steht die helle Wega, Hauptstern der Leier, unweit der Nord-Süd-Linie, die auch Mittagslinie oder Meridian genannt wird. Sie bildet gleichsam den Vorposten des großen Sommerdreiecks, das außerdem noch die beiden Sterne Deneb (im Schwan) und Atair (im Adler) umfasst. Von den dazugehörigen Sternbildern lässt sich der Schwan besonders leicht identifizieren: Seine Sterne formen ein großes Kreuz, das die Umrisse eines am Himmel entlang segelnden Schwans andeutet. Der lang gestreckte Hals verläuft parallel zum schimmernden Band der Milchstraße, das sich jetzt in hohem Bogen über den Himmel spannt.

VOM ADLER ZUM GALAKTISCHEN ZENTRUM

Unterhalb vom Schwan füllen drei kleine Sternbilder die Lücke bis zum Adler: das Füchschen, der Pfeil und der Delfin, der mit seiner kleinen Sternenraute noch am besten zu erkennen ist; dagegen hat sich das Füchschen so gut im „Unterholz" versteckt, dass es auf unserer Sternkarte gar nicht mehr ausgewiesen ist. Der Adler ähnelt in seinen Umrissen einem Bogen mit eingelegtem Pfeil (nicht zu verwechseln mit dem entsprechenden Sternbild gleichen Namens oberhalb vom Adler!); Atair markiert dann die Pfeilspitze. Folgt man dem gedachten Pfeil in die Gegenrichtung, so schweift der Blick über dichte Sternwolken der Milchstraße zum Milchstraßenzentrum, etwa dort, wo die drei Ekliptiksternbilder Schütze, Schlangenträger und Skorpion aufeinandertreffen.

NICHT VERPASSEN!

Alljährlich um den 12./13. August huschen in den frühen Morgenstunden viele Sternschnuppen über den Nachthimmel: die Perseiden. In diesem Jahr stört der Mond die Beobachtung nicht, denn er geht bereits vor Mitternacht unter. Die Staubkörner, die dann in der oberen Erdatmosphäre verglühen und sie zum Leuchten anregen, stammen vom Kometen Swift-Tuttle, der zuletzt Ende 1992 den Kreuzungspunkt mit der Erdbahn passierte. Seine Bahn führte ihn damals 7,9 Mio. Kilometer an der Erdbahn vorbei.

Was sich am Himmel tut

	abends / nachts / morgens	Mondphase	Aufgang / Untergang
1 Mi			00:10 17:21
2 Do			00:56 18:11
3 Fr	5h Mond 4° südlich von Pollux		01:53 18:53
4 Sa			03:00 19:26
5 So			04:14 19:52
6 Mo			05:32 20:14
7 Di			NM 02:52 06:50 20:33
8 Mi			08:10 20:51
9 Do	20h30m Mond 7° westlich von Venus		09:31 21:09
10 Fr	20h30m Mond 7° östlich von Venus		10:53 21:29
11 Sa	12h Mond in Erdnähe (368.500 km)		12:16 21:52
12 So	19h Mond im absteigenden Knoten 21h Mond 5° nordwestlich von Antares		13:41 22:21
13 Mo			EV 22:39 15:02 22:59
14 Di	Merkur in größter östlicher Elongation (27°)		16:16 23:50
15 Mi			17:17 --

Merkur Venus Mars Jupiter Saturn Mond

	abends / nachts / morgens	Mondphase	Aufgang / Untergang
16 Do			18:04 00:54
17 Fr	1h Mond 6° südlich von Saturn		18:39 02:08
18 Sa	2h Mond 7° südlich von Jupiter		19:05 03:26
19 So			19:26 04:44
20 Mo			19:44 06:01
21 Di		VM 01:55	19:59 07:15
Herbstanfang 22 Mi	21h21m Sonne im Herbstpunkt		20:14 08:26
23 Do			20:30 09:37
24 Fr			20:47 10:46
25 Sa			21:08 11:55
26 So	10h Mond im aufsteigenden Knoten 23h Mond 5° nördlich von Aldebaran 24h Mond in Erdferne (404.600 km)		21:33 13:04
27 Mo			22:05 14:10
28 Di			22:46 15:11
29 Mi		LV 03:57	23:38 16:05
30 Do			-- 16:49

SEP

Sonne und Planeten

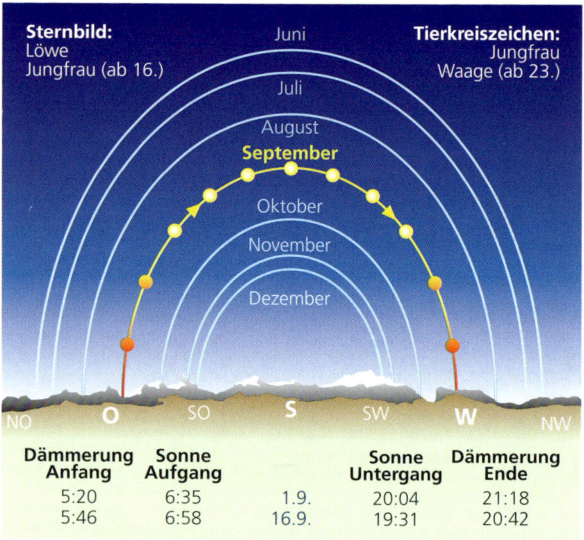

Die **SONNE** wandert durch den Löwen und erreicht am 16.9. die Jungfrau; am 23.9. wechselt sie in das Tierkreiszeichen Waage. Die Mittagshöhe nimmt von 48° auf 37° ab, die Länge des lichten Tages von 13:28 Stunden auf 11:42 Stunden.

MERKUR erreicht zwar am 14.9. eine größte östliche Elongation, kann sich aber nicht aus dem Glanz der Sonne lösen.

VENUS bleibt trotz zunehmenden Winkelabstandes zur Sonne nur schwach am Abendhimmel.

MARS bewegt sich nun jenseits der Sonne und bleibt entsprechend am Taghimmel unbeobachtbar.

JUPITER stand im Vormonat in Opposition und ist weiterhin ein auffälliges Beobachtungsobjekt.

SATURN läuft im Zuge seiner Oppositionsschleife weiter westwärts, wird aber langsamer; der Stillstand und das Ende der rückläufigen Bewegung lassen nicht mehr lange auf sich warten.

Der Schwan segelt derzeit hoch über den südlichen Nachthimmel und macht so seinem Namen alle Ehre.

DAS STERNBILD SCHWAN

Mitte September findet man den Schwan mit seinem Hauptstern Deneb gegen 22 Uhr MESZ hoch am Südhimmel. Mit seinen ausgebreiteten Schwingen und dem langen, weit vorgereckten Hals segelt er entlang der Milchstraße nach Südwesten, kommt dabei aber nur sehr langsam voran. Sein Kopfstern Albireo erscheint schon im Fernglas als reizvoller Doppelstern mit einem bläulichen und einem orangefarbenen Partner. Die beiden stehen nach neueren Messungen von uns aus gesehen rund 30 Lichtjahre hintereinander, sodass sie nur ein optisches Paar bilden und sich nicht gegenseitig umrunden.

IM HINTERGRUND DIE MILCHSTRASSE

Ebenfalls im Fernglas zu trennen sind die beiden Doppelsterne 16 und 61 Cygni, die beide jeweils gelblich beziehungsweise leicht rötlich erscheinen und sich auch helligkeitsmäßig wenig unterscheiden. Daneben gibt es für Fernglasastronomen noch zwei offene Sternhaufen (M 39 und – weniger eindrucksvoll – M 29) sowie einige leuchtende Gasnebel, für die man aber einen möglichst dunklen Himmel fernab störender Großstadtlichter braucht. Und im „Hintergrund" schimmern die blassen Sternwolken der Sommermilchstraße.

West
Nördl. Krone
M 13
Schlange
Ras Algethi
Herkules
Schlangen-
träger
Ras Alhague
Wega
Drache
Leier
Adler
Schlange
Schwan
Pfeil
Atair
ZENIT
Kepheus
Deneb
Sommerdreieck
Delfin
Schütze
Süd
Saturn
M 15
M 2
Jupiter
Steinbock
Enif
Wasser-
mann
Andromeda
Pegasus
Walfisch
Fische
Ost

DER STERNHIMMEL IM SEPTEMBER
Trotz des kalendarischen Herbstanfangs in diesem Monat wird der Südhimmel gegen 23 Uhr Sommerzeit am Monatsanfang (22 Uhr zur Monatsmitte) nach wie vor vom Sommerdreieck beherrscht; seine Eckpunkte – Wega in der Leier, Atair im Adler und Deneb im Schwan – liegen in beziehungsweise am Rande der Milchstraße, die sich vom Südwesthorizont in hohem Bogen über den Osthimmel nach Nordosten erstreckt.

ENTFERNTER KUGELHAUFEN
Rechts der Milchstraße, also am Westhimmel, neigt sich der Schlangenträger schon seinem Untergang zu. Sein Kopfstern (Ras Alhague, „Kopf des Riesen") an der Spitze der Figur ist deutlich heller als der Stern rund fünf Grad weiter rechts, der den Kopf des Herkules markiert (Ras Algethi, „Kopf des Knieenden"); allerdings ist jener in einem Abstand von rund 360 Lichtjahren auch gut siebenmal so weit entfernt wie Ras Algahue. Im Fernglas erscheint Ras Algethi leicht orangefarben, während Ras Alhague klar weißlich leuchtet. Mit einem Feldstecher findet man am Westrand des zentralen Herkules-Vierecks einen verwaschenen Nebelfleck. In einer Entfernung von rund 22.000 Lichtjahren stehen dort einige hunderttausend Sterne im kugelförmigen Sternhaufen Messier 13 auf vergleichsweise engem Raum zusammen.

IMMER DER NASE NACH
Auch links der Milchstraße, im Sternbild Pegasus, kann man mit einem Fernglas nach einem solchen kugelförmigen Sternhaufen Ausschau halten; das geflügelte Ross steht derzeit wie ein überdimensionales Vorfahrtschild am Südosthimmel. Folgt man der Sternenkette, die von dessen rechter Ecke als langgestreckter Pferdehals nach Westen abzweigt, bis zu Enif, dem „Nasenstern" des Pferdekopfes, so trifft man rund vier Grad nordwestlich davon auf den rund 24.000 Lichtjahre entfernten Messier 15. Er erscheint nicht ganz so hell wie Messier 13 im Herkules.

DIE VORBOTEN DES HERBSTES
Näher zum Horizont trifft man auf die Ekliptiksternbilder Schütze, Steinbock und Wassermann, durch die die Sonne in den ersten Monaten des Jahres wandert und dabei wieder langsam an Höhe gewinnt. Auch diese Figuren enthalten kugelförmige Sternhaufen, die aber – bis auf Messier 3 im Sternbild Wassermann – nicht die geringste Konkurrenz für Messier 15 oder gar Messier 13 sind.

Was sich am Himmel tut

	abends – nachts – morgens	Mondphase	Aufgang / Untergang
1 Fr	2h Mond 7° südöstlich von Pollux		00:40 17:25
2 Sa			01:51 17:54
Tag der dtsch. Einheit 3 So	6h Mond 5° nördlich von Regulus		03:06 18:17
4 Mo			04:24 18:36
5 Di			05:45 18:54
6 Mi		NM 13:05	07:07 19:12
7 Do			08:30 19:31
8 Fr	Mars in Konjunktion 19h Mond in Erdnähe (363.400 km)		09:56 19:53
9 Sa	Merkur in unterer Konjunktion 19h30m Mond 2° nördlich von Venus 22h Mond im absteigenden Knoten		11:24 20:20
10 So			12:49 20:56
11 Mo	Saturn beendet Oppositionsschleife		14:08 21:44
12 Di			15:15 22:45
13 Mi		EV 05:25	16:06 23:56
14 Do	20h Mond 7° südöstlich von Saturn		16:43 --
15 Fr	20h Mond 6° südöstlich von Jupiter		17:11 01:14

Merkur – Venus – Mars – Jupiter – Saturn – Mond

	abends nachts morgens	Mond-phase	Aufgang Untergang
16 Sa			17:33 02:31
17 So			17:51 03:47
18 Mo	Jupiter beendet Oppositionsschleife		18:06 05:01
19 Di			18:21 06:12
20 Mi			VM 16:57 18:36 07:22
21 Do			18:52 08:32
22 Fr			19:11 09:42
23 Sa	14h Mond im aufsteigenden Knoten		19:34 10:51
24 So	6h Mond 6° nördlich von Aldebaran 17h Mond in Erdferne (405.600 km)		20:03 11:59
25 Mo	Merkur in größter westlicher Elongation (18°), **Morgensichtbarkeit**		20:40 13:02
Österreich. Nationalfeiert. 26 Di			21:27 13:59
27 Mi	24h Mond 3° südlich von Pollux		22:24 14:46
28 Do			LV 22:05 23:31 15:25
29 Fr	Venus in größter östlicher Elongation (47°)		-- 15:55
30 Sa			00:42 16:19
Reformations-tag 31 So	3h Mond 6° nordöstlich von Regulus 3h Ende der Sommerzeit (3 Uhr MESZ = 2 Uhr MEZ)		00:58 15:40

Sonne und Planeten

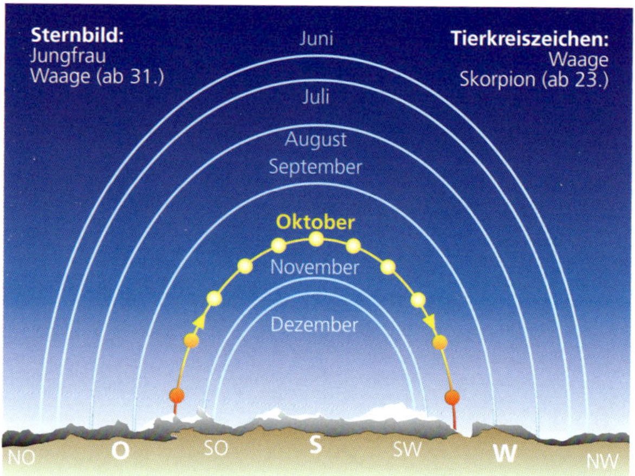

Dämmerung Anfang	Sonne Aufgang		Sonne Untergang	Dämmerung Ende
6:10	7:20	1.10.	18:58	20:08
6:34	7:43	16.10.	18:27	19:36

Die **SONNE** wandert zunächst durch die Jungfrau und erreicht am 31.10. die Waage; bereits am 23.10. wechselt sie in das Tierkreiszeichen Skorpion. Die Mittagshöhe nimmt von 37° auf 26° ab, die Länge des lichten Tages entsprechend von 11:38 Stunden auf 9:50 Stunden.

MERKUR kommt am 9.10. in untere Konjunktion; zur gr. westl. Elongation am 25. steht er am Morgenhimmel.

VENUS geht trotz größter östlicher Elongation am Monatsende kaum 2 Stunden nach der Sonne unter.

MARS wird am 8.10. von der Sonne eingeholt und steht dann – für uns unsichtbar – in Konjunktion mit ihr.

JUPITER beendet am 18.10. seine Oppositionsschleife und wandert danach wieder ostwärts durch den Steinbock.

SATURN beendet seine Oppositionsschleife am 11.10. und verändert seine Position im Westteil des Steinbocks kaum.

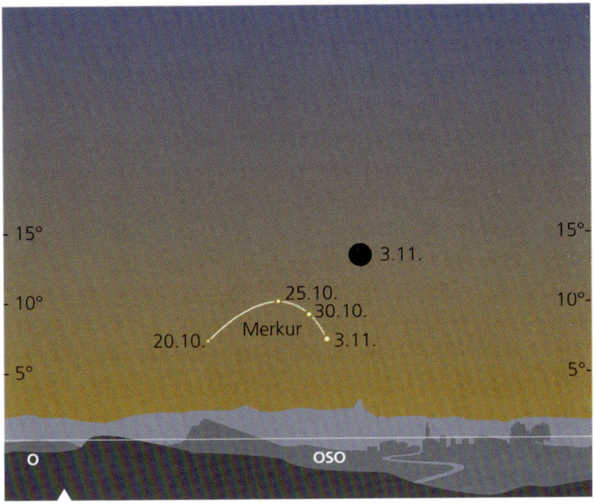

Zum dritten Mal ist der kleine Merkur in diesem Jahr am Himmel zu sehen. Bis in den November hinein zeigt er sich morgens über dem östlichen Horizont.

MERKUR AM MORGENHIMMEL

Nach den beiden Abendsichtbarkeiten in der ersten Jahreshälfte taucht Merkur in der letzten Monatsdekade auch noch am Morgenhimmel auf. Seinen größten Winkelabstand zur Sonne erreicht er am 25.10. mit rund 18 Grad – das ist zwar nicht viel, aber wegen der am Morgenhimmel jetzt steil aufragenden Ekliptik reicht dies trotzdem für einen Aufgangsvorsprung gegenüber der Sonne von immerhin 107 Minuten. Im Westteil des Sternbilds Jungfrau gibt es aber leider kaum hellere Sterne, vor deren Hintergrund man die Wanderung des Planeten von Tag zu Tag verfolgen könnte.

BIS IN DEN NOVEMBER HINEIN

Da Merkur seine Helligkeit nach der größten Elongation sogar noch etwas steigern kann, lässt er sich anschließend noch bis in den November hinein beobachten. Damit kann man auch verfolgen, wie sich die immer schmaler werdende Mondsichel Anfang November von Tag zu Tag dem Merkur nähert und am 3.11. schließlich nur noch knapp 7 Grad rechts oberhalb zu finden ist. Tags darauf dürfte sie bereits im Glanz der Dämmerung verschwunden sein und auch die dritte Merkursichtbarkeit des Jahres neigt sich ihrem Ende entgegen.

West
Schlangen-
träger
Herkules
Wega
Leier
Schlange
Schütze
Adler
Pfeil
Atair
Schwan
Saturn
Delfin
Deneb
Kepheus
M 15
Enif
Jupiter
Steinbock
ZENIT
Wasser-
mann
Süd
Südl. Fisch
Markab
Kassiopeia
Pegasus
Fomalhaut
M 31
Andromeda
Fische
Walfisch
Dreieck
Widder
Ost

DER STERNHIMMEL IM OKTOBER

Zur gewohnten Beobachtungszeit sind die Herbststernbilder bis an die Nord-Süd-Linie, den Meridian, vorgerückt. Dabei hat Pegasus, das geflügelte Ross der Antike, die „Ziellinie“ mit der Nasenspitze bereits überquert: Sein hellster Stern Enif (vom arabischen Wort für Nase, Nüstern abgeleitet) steht schon westlich des Meridians.

RANGWECHSEL

Trotz seiner Helligkeit ist Enif allerdings nicht der Hauptstern des Pegasus. Dieser Rang wurde dem etwas lichtschwächeren Stern Markab zugesprochen, dem rechten unteren Eckpunkt des Herbstvierecks. Dieses wird von drei Sternen des Pegasus und einem Stern der Andromeda gebildet und deutet den zur Hälfte durchtrennten Rumpf des geflügelten Rosses an; Pegasus segelt kopfüber westwärts am Himmel entlang.

FISCHREICHTUM

Unterhalb vom Herbstviereck erkennt man außerhalb größerer Ansiedlungen mit ihren störenden Laternen und Leuchtreklamen eine blasse Sternenellipse. Sie gilt als Umriss eines der beiden Fische aus dem gleichnamigen Sternbild; der andere Fisch versteckt sich unterhalb der an der oberen linken Ecke des Herbstvierecks ansetzenden Lichterkette der Andromeda. Noch tiefer am Südhorizont überschreitet der Südliche Fisch den Meridian und damit seine höchste Stellung (Kulmination). Wer Fomalhaut im Horizontdunst nicht gleich erkennt, braucht nur die rechte Kantenlinie des Pegasus-Vierecks nach unten, Richtung Horizont, zu verlängern: Vorbei am westlichen der beiden Fische und dem Ostteil des Wassermanns kommt man schließlich zu Fomalhaut, einem Stern in nur 25 Lichtjahren Entfernung.

NOCH MEHR FISCHE

Doch damit noch nicht genug! Am Südhimmel (und damit bei uns leider nicht sichtbar) gibt es auch noch die Sternbilder Fliegender Fisch und Schwertfisch, das mit der Großen Magellanschen Wolke eine benachbarte Zwerggalaxie enthält. Am Nordhimmel treffen wir zwar noch auf den Delfin sowie auf den Walfisch, der eigentlich ein Meeresungeheuer darstellen soll; als Säugetiere gehören beide Sternbilder aber ohnehin nicht zur Gruppe der Fische. Die kleine Raute des Delfins findet man derzeit am Südwesthimmel zwischen Adler und Pegasus, der Walfisch steigt unterdessen im Südosten empor.

	abends / nachts / morgens	Mondphase	Aufgang / Untergang
Allerheiligen 1 Mo			02:16 15:58
2 Di			03:36 16:15
3 Mi	Früheste Mittagsstellung der Sonne (12^h04^m)		04:58 16:33
4 Do		NM 22:15	06:24 16:53
5 Fr	23^h Mond in Erdnähe (358.800 km)		07:53 17:18
6 Sa	5^h Mond im absteigenden Knoten		09:23 17:50
7 So	17^h30^m Mond 8° westlich von Venus		10:49 18:34
8 Mo	17^h30^m Mond 6° östlich von Venus		12:04 19:32
9 Di			13:03 20:42
10 Mi	18^h Mond 5° südlich von Saturn		13:46 22:00
11 Do	22^h Mond 5° südlich von Jupiter	EV 13:46	14:17 23:20
12 Fr			14:40 --
13 Sa			14:59 00:37
14 So			15:15 01:51
15 Mo			15:29 03:02

Merkur Venus Mars Jupiter Saturn Mond

	abends nachts morgens	Mondphase	Aufgang Untergang
16 Di	6^h Venus 4° nördlich von Spica		15:44 04:12
17 Mi	Leoniden im Maximum		15:59 05:21
Buß- u. Bettag 18 Do			16:16 06:30
19 Fr	10^h Partielle Mondfinsternis (bei uns unbeobachtbar) 19^h Mond im aufsteigenden Knoten		VM 09:58 16:38 07:40
20 Sa	20^h Mond 7° nördlich von Aldebaran		17:04 08:48
Totensonntag 21 So	3^h Mond in Erdferne (406.300 km)		17:39 09:53
22 Mo			18:22 10:53
23 Di			19:16 11:44
24 Mi	5^h Mond 3° südlich von Pollux		20:18 12:25
25 Do			21:27 12:57
26 Fr			22:39 13:23
27 Sa	2^h Mond 4° nördlich von Regulus		LV 13:28 23:54 13:44
1. Advent 28 So			-- 14:02
29 Mo	Merkur in oberer Konjunktion		01:10 14:19
30 Di			02:28 14:35

Sonne und Planeten

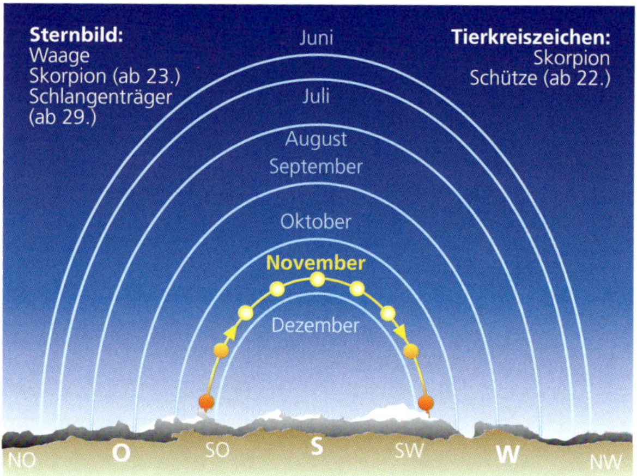

Dämmerung Anfang	Sonne Aufgang		Sonne Untergang	Dämmerung Ende
5:58	7:10	1.11.	16:57	18:09
6:19	7:35	16.11.	16:34	17:50

Die **SONNE** wandert durch die Waage, erreicht am 23.11. den Skorpion und wechselt am 29.11. in den Schlangenträger; bereits am 22.11. wechselt sie in das Tierkreiszeichen Schütze. Die Mittagshöhe nimmt von 25° auf 18° ab, die Länge des lichten Tages von 9:47 Stunden auf 8:26 Stunden.

MERKUR ist anfangs noch am Morgenhimmel zu erspähen und durchläuft am 29.11. die obere Konjunktion.

VENUS rückt langsam näher an die Sonne heran, kann ihre Sichtbarkeitsdauer aber noch ausweiten.

MARS stand im Vormonat in Konjunktion mit der Sonne und bleibt unsichtbar am Taghimmel.

JUPITER wandert im Steinbock langsam ostwärts, wird zum Planet der ersten Nachthälfte und verschwindet vor Mitternacht am Südwesthorizont.

SATURN zieht sich allmählich an den frühen Abendhimmel zurück und geht zuletzt rund 4,5 Stunden nach der Sonne unter.

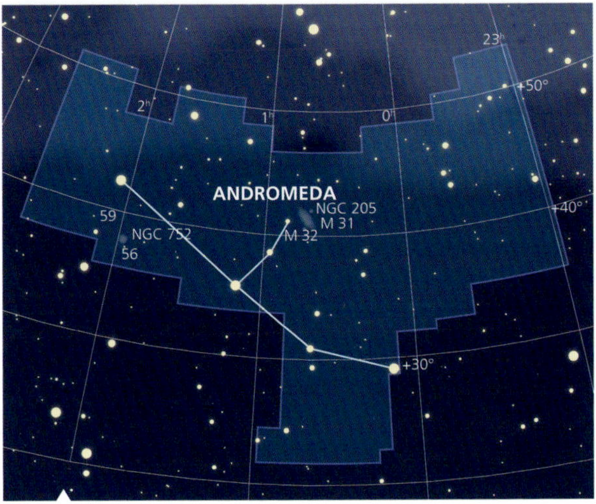

Mit Messier 31 befindet sich im Sternbild Andromeda unsere nächste große Nachbargalaxie.

DAS STERNBILD ANDROMEDA

Gegen 21 Uhr MEZ findet man zur Monatsmitte das Sternbild Andromeda hoch am Südhimmel. Seine helleren Sterne schließen sich wie eine Lichterkette an den linken oberen Eckstern des Herbstvierecks an (die drei anderen Ecken gehören zum Sternbild Pegasus); zahlreiche lichtschwächere Sterne der Figur findet man außerdem oberhalb vom Pegasus. In der griechischen Mythologie sollte Andromeda dem Meeresungeheuer Ketos geopfert werden, um die Eitelkeit ihrer Mutter Kassiopeia zu sühnen, wurde aber in letzter Sekunde von Perseus gerettet.

GANZ WEIT DRAUSSEN

Glanzpunkt der Andromeda ist zweifellos die Galaxiengruppe um Messier 31, die nächste große Nachbargalaxie der Milchstraße. Von einem dunklen Standort aus ist die rund 2,5 Millionen Lichtjahre entfernte Galaxie in mondscheinlosen Nächten sogar mit bloßem Auge zu erahnen, aber ein lichtstarkes Fernglas wirkt wahre Wunder und sollte auch die Kernregionen der beiden Begleiter, Messier 32 und NGC 205, zeigen. Ein recht weites Doppelsternpaar zeigt sich mit 59 And, aber auch 56 And und der benachbarte offene Sternhaufen NGC 752 sind lohnende Ziele für Beobachter mit einem Fernglas.

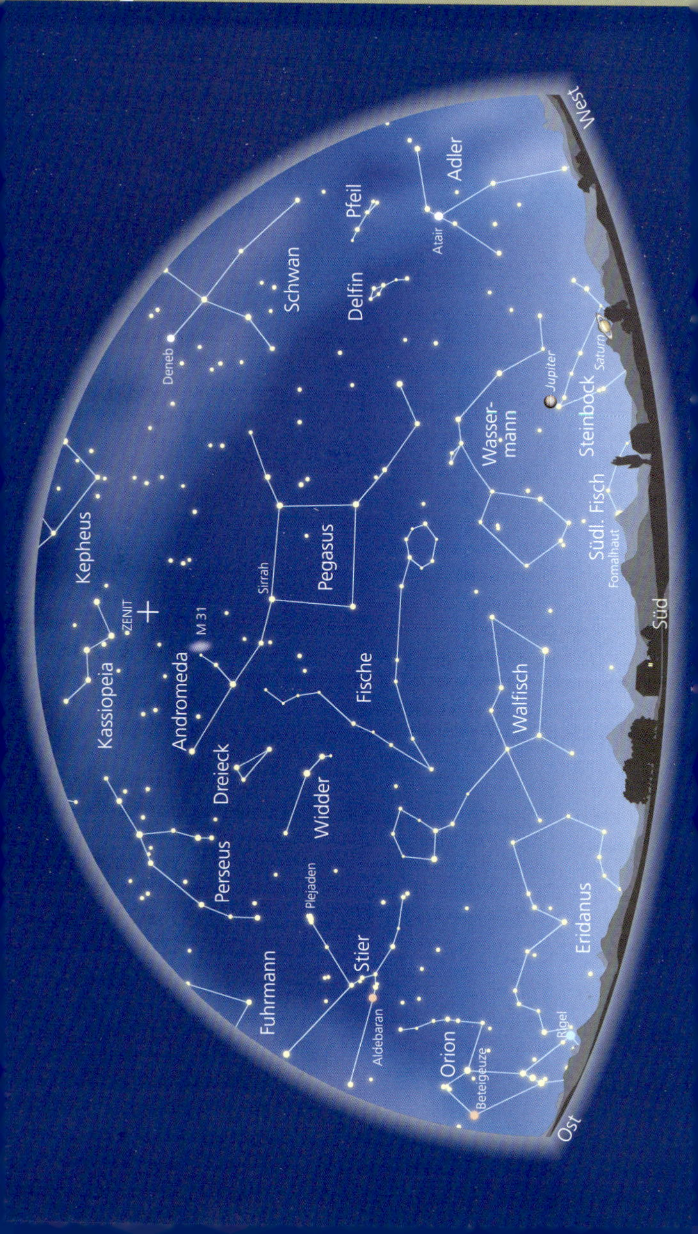

West
Adler
Pfeil
Atair
Schwan
Delfin
Deneb
Jupiter
Saturn
Wasser-
mann
Steinbock
Südl. Fisch
Fomalhaut
Süd
Pegasus
Sirrah
Kepheus
ZENIT
M 31
Kassiopeia
Andromeda
Fische
Walfisch
Dreieck
Widder
Perseus
Plejaden
Stier
Eridanus
Fuhrmann
Aldebaran
Orion
Rigel
Beteigeuze
Ost

DER STERNHIMMEL IM NOVEMBER

Mit der Sommerzeit geht auch die Zeit der Sommersternbilder allmählich zu Ende: Ein letztes Mal finden wir zur gewohnten Beobachtungszeit das Sommerdreieck aus Wega in der Leier (bereits außerhalb der Karte), Deneb im Schwan und Atair im Adler vollständig am Westhimmel versammelt. Dabei markieren Wega und Atair den rechten und linken Rand des Milchstraßenbandes, das sich in steilem Bogen vom Westhorizont über den Zenit zum Osthorizont erstreckt, während Deneb mittendrin steht. Folgt man diesem Lichtschimmer weiter nach oben, so führt der Weg vorbei an Kepheus zum Himmels-W der Kassiopeia, das nahe dem Zenit gerade den Meridian passiert. Wie auch der Große Wagen sinkt Kassiopeia nie unter den Horizont; sie ist ein zirkumpolares Sternbild.

NEBEL IN DER ANDROMEDA

Von hier lohnt sich ein kurzer Abstecher nach Süden, wo im angrenzenden Sternbild der Andromeda ein isoliertes Teilstück der Milchstraße zu liegen scheint: ein etwas in die Länge gezogener Lichtfleck, der sich aber – anders als die normale Milchstraße – auch im Fernglas nicht in einzelne Sterne auflösen lässt. In den Zwanzigerjahren des vergangenen Jahrhunderts stritten sich die Astronomen darüber, ob solche „Nebel" zu unserer Milchstraße gehören oder weiter entfernt sind. Heute wird die Entfernung des Andromeda-Nebels mit mehr als 2,5 Millionen Lichtjahren angegeben.

STARHOPPING FÜR ANFÄNGER

Wer den Andromeda-Nebel nicht verfehlen möchte, sollte zunächst den linken oberen Eckstern des Herbstvierecks aufsuchen, wo die Sternenkette der Andromeda an den Pegasus grenzt. Von dort folgt man der Andromeda zwei Sterne in östlicher Richtung und dann zwei Sterne nach Norden. Über dem zweiten Stern zeigt sich dann ein blasser, länglicher Lichtfleck. Wo der Himmel durch irdische Laternen zu stark aufgehellt wird, hilft ein Fernglas bei der Suche und Beobachtung.

FRÜHLINGSPUNKT AM HERBSTHIMMEL

Unterhalb von Andromeda und Pegasus erstreckt sich das große aber unscheinbare Sternbild der Fische, das zu den Ekliptiksternbildern gehört. In dieser Himmelsregion kreuzt die Ekliptik, die scheinbare „Hauptverkehrsstraße" des Sonnensystems, den Himmeläquator. Hier steht die Sonne derzeit alljährlich zum Frühlingsanfang, weshalb dieser Kreuzungspunkt auch Frühlingspunkt genannt wird.

DEZ Was sich am Himmel tut

Tag	abends – nachts – morgens	Aufgang / Untergang
1 Mi	5h Mond 5° nordöstlich von Spica	03:50 14:54
2 Do		05:16 15:16
3 Fr	16h Mond im absteigenden Knoten	06:45 15:43
4 Sa	9h Totale Sonnenfinsternis (bei uns unbeobachtbar) 11h Mond in Erdnähe (356.800 km)	NM 08:43 08:15 16:21
2. Advent 5 So		09:40 17:13
Nikolaus 6 Mo	17h Mond 7° westlich von Venus	10:49 18:20
7 Di	17h Mond 9° östlich von Venus 18h Mond 8° südwestlich von Saturn	11:41 19:39
8 Mi	17h Mond 8° östlich von Saturn	12:18 21:01
9 Do	17h Mond 6° südöstlich von Jupiter	12:45 22:22
10 Fr		13:05 23:39
11 Sa		EV 02:36 13:22 --
3. Advent 12 So	Frühester Sonnenuntergang des Jahres (16h18m)	13:37 00:52
13 Mo		13:52 02:02
14 Di	Geminiden im Maximum (morgens)	14:06 03:12
15 Mi		14:23 04:20

Merkur Venus Mars Jupiter Saturn Mond

	abends / nachts / morgens	Mondphase	Aufgang Untergang
16 Do			14:43 05:29
17 Fr	1h Mond im aufsteigenden Knoten 18h Mond 5° nördlich von Aldebaran		15:07 06:38
18 Sa	3h Mond in Erdferne (406.300 km) Kleinster Vollmond des Jahres, längste Vollmondnacht des Jahres		15:39 07:45
4. Advent 19 So		VM 05:36	16:19 08:46
20 Mo			17:10 09:41
Winteranfang 21 Di	7h Mond 4° südwestlich von Pollux 16h59m Wintersonnenwende		18:10 10:25
22 Mi			19:17 11:00
23 Do			20:28 11:28
Heiligabend 24 Fr	7h Mond 4° nördlich von Regulus		21:41 11:50
Weihnachten 25 Sa			22:55 12:08
Weihnachten 26 So			-- 12:24
27 Mo		LV 03:24	00:09 12:40
28 Di	7h Mond 5° nördlich von Spica		01:27 12:57
29 Mi			02:47 13:16
30 Do			04:11 13:40
Silvester 31 Fr	2h Mond im absteigenden Knoten 7h Mond 7° westlich von Mars Spätester Sonnenaufgang d. Jahres (8h18m)		05:39 14:10

DEZ

Sonne und Planeten

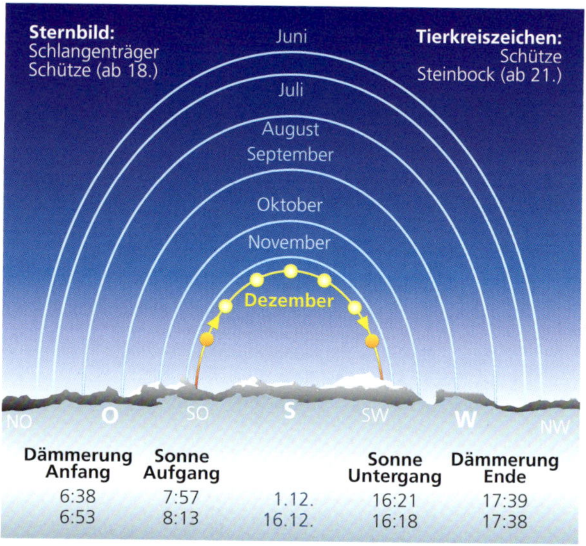

Die **SONNE** wandert durch den Schlangenträger und erreicht am 18.12. den Schützen; am 21.12. wechselt sie in das Tierkreiszeichen Steinbock. Die Mittagshöhe nimmt von 18° auf 17° ab, die Länge des lichten Tages von 8:24 Stunden auf minimale 8:04 Stunden am 21.12.; bis Jahresende wächst sie auf 8:09 Stunden.

MERKUR bleibt bis zum Jahresende unbeobachtbar.

VENUS verabschiedet sich vom Abendhimmel und geht zuletzt gut 1 Stunde nach der Sonne unter.

MARS taucht nach Monaten der Unsichtbarkeit wieder am Morgenhimmel auf, wo er 4° nördlich an Antares vorbeizieht.

JUPITER wird zunehmend von der Sonne eingeholt und geht zuletzt gut 4 Stunden nach der Sonne unter.

SATURN neigt sich zum Dämmerungsende schon dem Untergang zu und wird bald im Glanz der Sonne verschwinden.

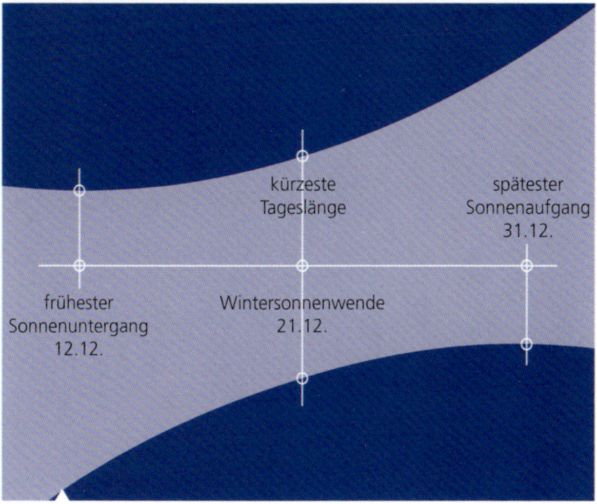

Der früheste Sonnenuntergang und späteste Sonnenaufgang des Jahres fallen nicht mit der Wintersonnenwende zusammen.

INTERESSANTES ZUM WINTERANFANG

Die meisten Menschen merken zwar durchaus, dass die Tage in diesem Monat besonders kurz sind und können auch die Begründung dafür nachvollziehen: Weil die Nordhalbkugel der Erde zum Winteranfang am stärksten von der Sonne weggedreht ist, zieht die Sonne nur in einem sehr flachen Bogen über den Horizont, was die kurze Zeitspanne zwischen Sonnenauf- und -untergang erklärt.
Warum aber ist der früheste Sonnenuntergang des Jahres schon am 12.12., der späteste Sonnenaufgang dagegen erst am 31.12.?

DIE ELLIPSENBAHN IST SCHULD

Das liegt an der elliptischen Bahn der Erde um die Sonne, die zu Geschwindigkeitsänderungen führt: Zwar rotiert die Erde ziemlich gleichmäßig, doch bewegt sie sich jetzt im sonnennahen Teil ihrer Bahn besonders schnell. Dadurch liegen zwischen zwei Mittagsstellungen der Sonne derzeit etwas mehr als 24 Stunden. Zwischen dem 12. und dem 31.12. verschiebt sich der Mittagszeitpunkt (und mit ihm die Auf- und Untergangszeitpunkte der Sonne) um knapp zehn Minuten nach hinten, sodass der früheste Sonnenuntergang einige Tage vor dem kürzesten Tag eintritt, der späteste Sonnenaufgang dagegen einige Tage danach.

West
Süd
Ost
Kassiopeia
ZENIT
Giraffe
Andromeda
Dreieck
Perseus
Algol
Pegasus
Fische
Widder
Plejaden
Hyaden
Aldebaran
Kapella
Fuhrmann
Stier
Wasser-
mann
Jupiter
Walfisch
Eridanus
Orion
Rigel
Hase
Beteigeuze
Einhorn
Zwillinge
Kl. Hund
Prokyon

DER STERNHIMMEL IM DEZEMBER
Zum Jahresende zeichnet sich ein deutlicher Wandel am abendlichen Sternhimmel ab: Vorbei ist die Zeit, in der kaum wirklich helle Sterne am Himmel zu sehen waren, denn mit den Wintersternbildern, die inzwischen am Osthimmel aufgetaucht sind, rückt eine beachtliche Zahl von Sternen der ersten Größenklasse ins Gesichtsfeld.

NEUER GLANZ AM HIMMEL
Den Anfang macht der Stier mit seinem rötlichen Hauptstern Aldebaran an der linken Spitze der V-förmigen Sternengruppe, die den Umriss des Stierkopfes markiert. Diese Ansammlung, die Hyaden, auch „Regengestirn" genannt, ist einer der nächstgelegenen Sternhaufen in der Umgebung der Sonne; die Entfernung zum Zentrum des Haufens beträgt nach neueren Messungen etwa 153 Lichtjahre. Aldebaran selbst gehört allerdings nicht zu dieser Gruppe, denn er ist nur etwa 65 Lichtjahre entfernt. Rechts vom Stier stehen zwei kleine, unscheinbare Sternbilder, die gerade den Meridian erreicht haben: das Dreieck und der Widder, der zu den Ekliptiksternbildern gehört. Darunter ist der Kopf des Meeresungeheuers aus der griechischen Sage um Andromeda, Kassiopeia und Kepheus zu erkennen. In Ermangelung einer ebenbürtigen Monsterkreatur nennen wir dieses Sternbild heute Walfisch.

HIMMLISCHE WÜNSCHELRUTE
Auch der Perseus gehört zu diesem Sagenkreis, denn er rettete die Andromeda vor dem Meeresungeheuer. Am Himmel erscheint er zwischen der Kassiopeia und dem Fuhrmann als etwas verbogen wirkende Wünschelrute. Fernab der störenden Großstadtlaternen kann man zwischen Kassiopeia und Perseus schon mit bloßem Auge zwei verwaschene, eng nebeneinander stehende Lichtfleckchen erkennen, die sich im Fernrohr als zwei benachbarte Sternhaufen erweisen. Der „Teufelsstern" Algol, Perseus' zweithellster Stern, wird alle 68 Stunden für ein paar Stunden vorübergehend dunkler.

AUFSTEIGENDER WAGEN
Außerhalb der Karte, am Nordhimmel, hat der Große Bär/Große Wagen seine Tiefststellung inzwischen durchlaufen und mit dem Wiederaufstieg am Nordosthimmel begonnen. Bei Einbruch der Dunkelheit findet man ihn noch tief im Norden, wo die krummen Beine den Horizont fast berühren. Zwischen und oberhalb des Großen und des Kleinen Bärens bzw. Wagens erstreckt sich der weitgeschwungene Schwanz des Sternbilds Drachen.

EKLIPTIK
heißt die scheinbare Jahresbahn der Sonne, also der Weg, den die Sonne im Laufe eines Jahres durch die Sternbilder nimmt. Sie ist die „Hauptverkehrsstraße am Himmel", auf der sich Sonne, Mond und Planeten bewegen.

ELONGATION (GRÖSSTE)
nennt man den (größtmöglichen) östlichen oder westlichen Winkelabstand von Merkur oder Venus relativ zur Sonne.

FIXSTERNE
sind weit entfernte, leuchtende Gaskugeln ähnlich unserer Sonne (alle Sterne sind Sonnen und unsere Sonne ist ein Stern). Trotz ihres Namens bewegen sich die Sterne jedoch relativ zueinander mit Geschwindigkeiten von bis zu einigen Dutzend, in Ausnahmefällen auch mehreren 100 Kilometern pro Sekunde (!). In 100.000 Jahren wird der Himmel deswegen ziemlich anders aussehen als heute. Nur wegen ihrer sehr großen Entfernungen scheinen die Sterne für uns stillzustehen. Dies unterscheidet sie von den Wandelsternen, den *Planeten*, die nicht selbst leuchten, sondern das Sonnenlicht reflektieren.

HIMMELSPOL
heißen die beiden Himmelspunkte genau über den Polen der Erde. Unweit des nördlichen Himmelspols steht gegenwärtig der Polarstern, der daher von uns aus gesehen die Nordrichtung anzeigt; einen entsprechend hellen Stern nahe dem südlichen Himmelspol sucht man vergebens.

KONJUNKTION
bedeutet Zusammenkunft; ein Planet steht in Konjunktion mit der Sonne, wenn er am Himmel in der gleichen Richtung wie die Sonne steht. Bei Merkur und Venus unterscheidet man zwischen unterer (Planet zwischen Sonne und Erde) und oberer Konjunktion (Planet jenseits der Sonne).

KULMINATION
ist die höchste Stellung eines Gestirns während des täglichen Umlaufs. Sie wird stets auf der Nord-Süd-Linie erreicht.

LICHTJAHR
nennt man die Strecke, die das Licht mit seiner Geschwindigkeit von rund 300.000 km/s in einem Jahr zurücklegt; ein Lichtjahr entspricht einer Entfernung von 9,46 Billionen Kilometern. Während der Mond nur wenig mehr als eine Lichtsekunde entfernt ist und das Licht von der Sonne bis zu uns rund 8,3 Minuten braucht, beträgt die Entfernung zum nächsten Nachbarstern etwa 4,3 Lichtjahre. Unsere Galaxis hat einen Durchmesser von rund 100.000 Lichtjahren und die Andromeda-Galaxie, die nächste große Nachbarmilchstraße, ist mehr als 2,5 Millionen Lichtjahre entfernt.

MILCHSTRASSE
heißt das von der Erde aus sichtbare Band am Himmel. Es ist unsere Galaxis, ein riesiges, diskusförmiges System, zu dem auch unsere Sonne mit ihren Planeten gehört. Sie enthält mehr als 100 Milliarden Sterne, die sich um das galaktische Zentrum in rund 26.000 Lichtjahren Entfernung bewegen.

OPPOSITION
bedeutet Gegenschein. Ein Planet steht in Opposition zur Sonne, wenn er der Sonne am Himmel gegenübersteht und entsprechend bei Sonnenuntergang auf-, bei Sonnenaufgang dagegen untergeht. Weil der Planet dabei von der Erde auf der Innenbahn überholt wird, bewegt er sich in den Wochen vor und nach der Opposition vorübergehend rückläufig in einer *Oppositionsschleife*.

RECHTLÄUFIG
heißt die normale, „richtige" Bewegungsrichtung von Sonne, Mond und Planeten entlang der Ekliptik von West nach Ost.

REKTASZENSION
heißt die Koordinate an der Himmelskugel, die der geografischen Länge entspricht.

RÜCKLÄUFIG
ist ein Planet während der Oppositionsschleife, wenn er sich von Ost nach West bewegt (Merkur und Venus sind um die untere Konjunktion rückläufig).

STERNBILDER
dienen nur dem Zurechtfinden am Himmel – sie geben keinen räumlichen Zusammenhang der enthaltenen, zum Teil sehr unterschiedlich weit von uns entfernten Sterne wieder. International gebräuchlich sind 88 Sternbilder, 48 davon sind von den Griechen des klassischen Altertums überliefert worden. Am Himmel über der Südhalbkugel der Erde gibt es dagegen zahlreiche neuzeitliche Sternbilder.

TIERKREISSTERNBILDER
nennt man diejenigen Sternbilder, durch die die Ekliptik verläuft.

TIERKREISZEICHEN
werden die zwölf Abschnitte gleicher Länge (jeweils 30°) genannt, die früher zur Unterteilung der Ekliptik genutzt wurden. Heute spielen sie nur noch in der Astrologie eine Rolle und heißen umgangssprachlich auch Sternzeichen.

ZENIT
heißt der Punkt genau senkrecht über dem Beobachter. Seine Gegenrichtung (Fußpunkt) wird Nadir genannt.

ZIRKUMPOLAR
ist ein Stern oder Sternbild, das bei seinem täglichen Umlauf nicht untergeht, sondern zwischen Himmelspol und Horizont „hindurchschlüpft" und entsprechend im gesamten Jahr zu beobachten ist.

Große Planetarien

BERLIN Planetarium der Wilhelm-Foerster-Sternwarte, Munsterdamm 90, *www.planetarium-berlin.de*
BERLIN Zeiss-Großplanetarium, Prenzlauer Allee 80, *www.sdtb.de*
BOCHUM Castroper Str. 67, *www.planetarium-bochum.de*
HAMBURG Linnering 1, *www.planetarium-hamburg.de*
JENA Am Planetarium 5, *www.planetarium-jena.de*
LUZERN Lidostr. 5, *www.verkehrshaus.ch*
MANNHEIM W.-Varnholt-Allee 1, *www.planetarium-mannheim.de*
MÜNSTER Sentruper Str. 285, *www.planetarium-muenster.de*
NÜRNBERG Am Plärrer 41, *www.planetarium-nuernberg.de*
STUTTGART Willy-Brandt-Str. 25, *www.planetarium-stuttgart.de*
WIEN Oswald-Thomas-Platz 1, *www.planetarium-wien.at*

Zum Lesen, Drehen & Klicken

BÜCHER AUS DEM KOSMOS-VERLAG:

Celnik, W. E.; Hahn, H.-M.: Astronomie für Einsteiger
Schritt für Schritt zur erfolgreichen Himmelsbeobachtung
Hahn, H.-M.: Welches Sternbild ist das?
Das Pocketbüchlein zur Sternbildbestimmung für unterwegs
Herrmann, J.: Welcher Stern ist das?
Der große Sternführer mit Sternkarten für jede Himmelsrichtung
Keller, H.-U.: Kosmos Himmelsjahr
Das Jahrbuch mit umfangreichen Infos für Hobby-Astronomen
Seip, S.: Himmelsfotografie mit der digitalen Spiegelreflexkamera
Die schönsten Motive bei Tag und Nacht

STERNKARTEN AUS DEM KOSMOS-VERLAG:

Hahn, H.-M.; Weiland, G.: Sternkarte für Einsteiger
Die Sternbilder sicher erkennen
Hahn, H.-M.: Drehbare Kosmos-Sternkarte
Wetterfeste Kunststoffkarte mit vielen Funktionen
Hahn, H.-M.; Weiland, G.: Drehbare Kosmos-Sternkarte XL
Für den Nord- und Südsternhimmel – 34 cm Durchmesser

INTERNETLINKS:

facebook.com/kosmos.astronomie: Himmelsereignisse und News
www.astronomie.de und www.astrotreff.de: Astro-Portale mit Diskussionsforen in Deutschland
www.kosmos-himmelsjahr.de: Viele aktuelle Beobachtungstipps
www.sternfreunde.de: Willkommen bei der deutschlandweiten Vereinigung der Sternfreunde (VdS)

BILDNACHWEIS
Mit 7 Farbfotos von:
NASA/GSF (1): Seite 1; Mario Weigand/www.skytrip.de (1): Seite 5; Stefan Seip/www.photomeeting.de (1): Seite 11; Martin Gertz, Sternwarte Welzheim/Planetarium Stuttgart (2): Seiten 13, 15; Bernhard Hubl/www.astrophoton.com (1): Seite 37; Werner E. Celnik (1): Seite 65.

Mit 54 Illustrationen von:
Gunther Schulz, Fußgönheim (2): Seiten 2/3, 12; Gerhard Weiland, Köln (51): Seiten 4, 6, 8, 10, 17, 18, 20/21, 22, 23, 24, 26/27, 28, 29, 30, 32/33, 34, 36, 38/39, 40, 41, 42, 44/45, 46, 47, 48, 50/51, 52, 53, 54, 56/57, 58, 59, 60, 62/63, 64, 66, 68/69, 70, 71, 72, 74/75, 76, 77, 78, 80/81, 82, 83, 84, 86/87, 88/89, 90.

IMPRESSUM
Umschlaggestaltung von Walter Typografie & Grafik GmbH unter Verwendung einer Illustration von Gunther Schulz.

Mit 7 Farbfotos und 54 Farbzeichnungen

Unser gesamtes Programm finden Sie unter **kosmos.de**.
Über Neuigkeiten informieren Sie regelmäßig unsere Newsletter, einfach anmelden unter **kosmos.de/newsletter**.

Gedruckt auf chlorfrei gebleichtem Papier

FSC www.fsc.org MIX Papier aus verantwortungsvollen Quellen FSC® C084279

ISBN: 978-3-440-16894-3
Redaktion: Susanne Richter
Gestaltungskonzept: Walter Typografie & Grafik GmbH
Gestaltung und Satz: typopoint GbR, Ostfildern
Produktion: Ralf Paucke
Druck und Bindung: Print Consult GmbH, München
Printed in Slovakia / Imprimé en Slovaquie

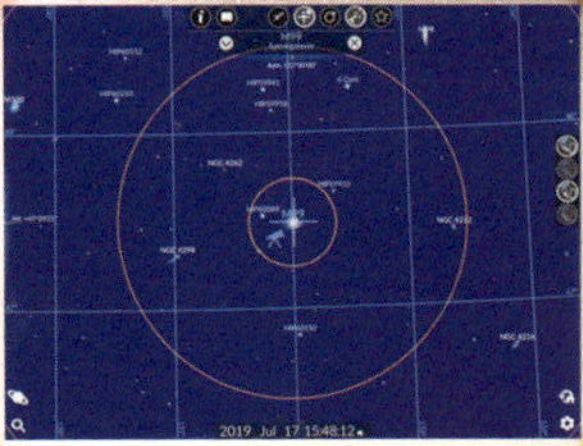